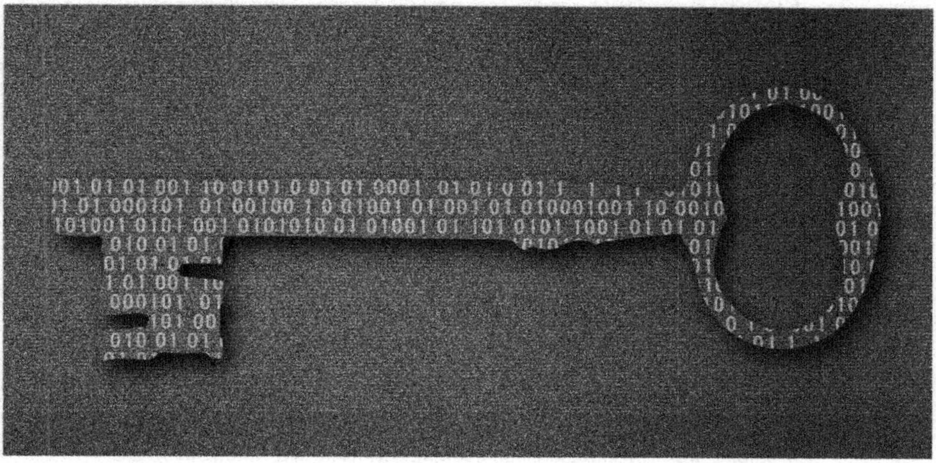

CRIPTOGRAFÍA

Un recorrido histórico por la ciencia de los mensajes secretos

Daniel Martín Reina

EDITORIAL TERRACOTA ET Colección **Sello de Arena**

Edición: Gerardo Noriega Rivero
Coordinación de producción: Jeanette Vázquez Gabriel
Cierre: David Monroy Gómez
Fotografías: jupiterimages unlimited
Ilustraciones: Arturo Fonseca Durón, Rodrigo Ramírez
Portada: jupiterimages unlimited
Diseño de la colección: Rocío Mireles

Primera edición: mayo de 2009

ISBN 978-968-9224-19-8

EDITORIAL TERRACOTA ET

Editorial Terracota, SA de CV
Cerrada de Félix Cuevas 14
Colonia Tlacoquemécatl del Valle
03200 México, D.F.
Tel. +52 (55) 5335 0090

info@editorialterracota.com.mx
www.editorialterracota.com.mx

Impreso en México / Printed in Mexico

Contenido

Introducción

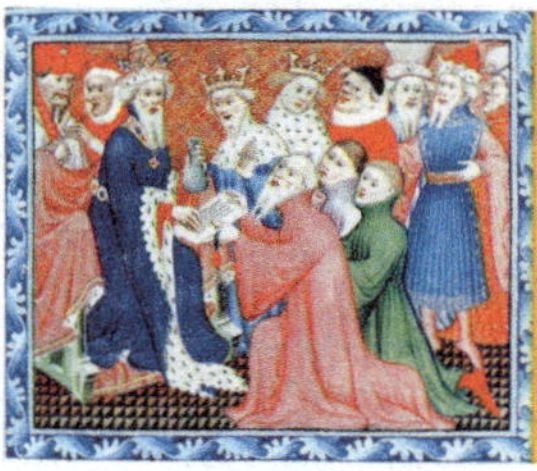

La historia de la criptografía comenzó hace mucho tiempo, en el año 1900 a.C., en la villa egipcia de Menet Khufu, a orillas del río Nilo. Allí, en la tumba del noble Khnumhotep, fue tallada en la roca de la pared la historia de su vida en caracteres jeroglíficos, como era costumbre. Pero en esta ocasión, el escriba cambió algunos de esos signos y los sustituyó por otros menos usuales. Aunque no se sabe por qué lo hizo, es probable que con ello sólo intentara impresionar al visitante, dándole cierta dignidad al texto. Fue como haber escrito "ilustrísimo y magnífico Khnumhotep" en vez de simplemente Khnumhotep. Sin embargo, al alterarlo hizo mucho más. Aquel escriba anónimo plantó la semilla de la cual nacería la ciencia de los mensajes secretos: la criptografía.

Con el paso del tiempo, se hizo habitual modificar parte de las inscripciones que contenían plegarias para quienes acababan de morir, pero llegó un momento en que las tumbas de los nobles egipcios eran tantas que pasaban inadvertidas y, con ellas, sus plegarias. Eso representaba un serio problema, pues los egipcios creían que la vida en el más allá dependía en buena parte de la lectura de las oraciones mortuorias.

Desembocadura del Nilo vista desde el espacio.

Ante esta situación, los escribas dieron el paso definitivo hacia la criptografía: para picar la curiosidad del visitante, escondieron deliberadamente el significado de algunas inscripciones en las tumbas. Podía ser que ahora sí los visitantes se detuvieran a leer las plegarias y resolver el misterio. Fue mucho suponer. Los egipcios no se interesaron por lo que decían esos caracteres extraños. El primer uso de la criptografía fue un fracaso.

Han pasado casi cuatro mil años desde entonces, y es evidente que la criptografía se reivindicó. Personajes tan importantes como el emperador romano Julio César, la reina de Escocia María Estuardo o el rey de Francia Luis XIV —llamado "El Rey Sol"—, utilizaron la criptografía en sus comunicaciones privadas. Como ellos, muchas personas comprendieron lo que podía ocurrir si sus mensajes más valiosos caían en manos equivocadas. La información es poder y había que protegerla, de forma que sólo resultara comprensible a quienes estaban autorizados. La criptografía siempre acudía al rescate en tales ocasiones.

En las últimas décadas, sin embargo, el desarrollo de la computadora y la explosión de Internet han cambiado radicalmente el panorama. En la actualidad

hay más de 1 500 millones de usuarios de la red de redes en todo el mundo, según las últimas estadísticas. Todos ellos intercambian a diario mensajes electrónicos, chatean con sus amigos, realizan operaciones comerciales, manejan sus finanzas y llevan a cabo otras tantas actividades a través de Internet. Hoy más que nunca es necesario proteger toda esa inmensa cantidad de información, que fluye sin parar. ¿Cómo podemos conseguirlo? Gracias de nuevo a la criptografía, la privacidad en las comunicaciones está ahora al alcance de todos.

A lo largo de estos siglos, el destino de imperios enteros ha estado en manos de la criptografía. Esta ciencia ha ganado batallas y perdido guerras, apoyado conspiraciones y provocado ejecuciones, pero también ha favorecido el desarrollo científico y tecnológico e influido en muchos otros sectores. Los protagonistas de estos hechos han sido de lo más variado: emperadores, reyes, tiranos, generales, diplomáticos, espías o matemáticos. Incluso tú y yo formamos parte de esta fascinante aventura, pues la historia de la criptografía es, en buena medida, la historia de la humanidad, como podrás comprobar en las páginas de este libro.

Esteganografía: el arte de pasar inadvertido

Columna griega.

La forma de comunicación secreta más antigua consiste en lograr que el mensaje pase inadvertido para todo el mundo, excepto para su destinatario. Se trata de proteger la información ocultando la existencia de la propia comunicación. De esa manera, si nadie sabe que se está enviando un mensaje, éste no podrá ser descubierto. Esta técnica se conoce como esteganografía, término derivado de las palabras griegas *steganos*, que significa "encubierto", y *graphein*, que significa "escribir".

Existen infinidad de prácticas para ocultar un mensaje. Entregar una nota de amor entre las hojas de un libro, enviar los planos de la cárcel a un recluso en el interior de un bizcocho o hacer una bolita de papel con un mensaje y tirársela a tu amigo en mitad de la clase, son formas básicas de esteganografía. En todos los casos, la clave del éxito radica en no levantar sospechas, para evitar que el mensaje sea interceptado.

Un arte muy antiguo

Los primeros documentos que describen el uso de este arte se remontan a Heródoto, quien vivió en Grecia en el siglo V a.C. Cierto documento narra cómo uno de los mensajes más importantes en la historia de la civilización occidental fue transmitido en secreto. Heródoto cuenta que Demarato, antiguo rey de Esparta, estaba exiliado en Persia cuando descubrió que Jerjes, el despótico rey persa, estaba rearmando a su ejército con la intención de invadir Grecia. Entonces, no se sabe si por lealtad a Esparta o por venganza contra los persas, decidió avisar a los espartanos de los planes de Jerjes. ¿Pero cómo enviar un mensaje de forma que permaneciera oculto ante cualquier inspección y no fuera interceptado por los guardias persas?

En aquella época no había papel; los textos se escribían en tablones de madera cubiertos de cera. Para camuflar su mensaje, Demarato escribió directamente sobre la madera, cubriéndola después con cera. A simple vista, el mensaje no era más que un tablón en blanco, que no levantó sospechas de los guardias que lo vieron por el camino. Cuando el tablón alcanzó su destino, retiraron la cera y el texto oculto salió a la luz.

Gracias a esta advertencia, los persas perdieron el factor sorpresa y fueron finalmente rechazados por los griegos. En palabras de Heródoto, esto supuso el triun-

Ocultar un mensaje no siempre es tan complicado como creemos. Algo tan común como un libro puede servir como herramienta para hacer uso de la esteganografía.

Ruinas persas.

Heródoto, historiador y geógrafo griego cuyos relatos de acontecimientos históricos fueron de gran importancia para la esteganografía.

fo de la libertad griega sobre la amenaza de la esclavitud y la opresión persas.

Heródoto narró también la historia de Histieo, quien tramaba una rebelión contra el rey de Persia. Histieo decidió escribir a su yerno Aristágoras de Mileto, solicitando su ayuda. Para transmitir sus instrucciones de forma segura, Histieo afeitó la cabeza de su esclavo más leal, escribió el mensaje en su cuero cabelludo y luego esperó a que volviera a crecerle el pelo. Esta técnica habría que descartarla en situaciones de urgencia, pero por lo visto no era el caso. Como a nadie se le ocurrió registrarle el pelo, el mensajero pudo viajar sin ser molestado. Al llegar a su destino, se afeitó la cabeza y le mostró el mensaje a Aristágoras. El final de la historia es feliz, al menos para Histieo y Aristágoras, pues la rebelión fue un éxito y derrocaron al rey.

En el siglo v a.C. no había papel; los textos se escribían en tablones de madera cubiertos de cera

El ingenio al poder

Han transcurrido más de dos mil años desde que Heródoto relató las guerras entre Persia y Grecia, así como el destacado papel que tuvo en ellas la esteganografía. Durante ese tiempo, múltiples formas de este arte —algunas de ellas muy ingeniosas— han sido utilizadas por el mundo entero. Por ejemplo, en la China antigua se escribían mensajes sobre seda fina, que luego era aplastada hasta formar una pequeña pelota que se recubría de cera y que un mensajero se tragaba. ¡Queda claro cómo había que recuperar el mensaje!

En el siglo XV, el científico italiano Giovanni della Porta explicó en su obra *Magia naturalis* una manera de hacer llegar un mensaje a los prisioneros de la Inquisición. El truco consistía en esconder el mensaje dentro de un huevo duro. Al parecer, la Inquisición era muy estricta en cuanto a lo que se entregaba a los prisioneros; sin embargo, no lo era tanto con respecto a los huevos, sobre los que no había sospecha posible. El método se basaba en preparar una tinta mezclando alumbre y vinagre, y con ella escribir el mensaje en la cáscara. Al ser ésta porosa, la solución penetraba por los pequeños agujeros y pasaba a la superficie de la clara del huevo duro. De esta sorprendente forma, al pelar el huevo se podía leer el mensaje.

La ingeniosa manera de comunicación del científico Della Porta ayudó a mucha gente a tener contacto en la época de la Inquisición.

Otra práctica fascinante es la de escribir con tinta invisible. Los antiguos griegos y romanos ya usaban tinta invisible que extraían de la naturaleza, a partir de ciertos árboles y frutos. Por ejemplo, en el siglo I a.C., Plinio el Viejo tenía conocimiento de que la savia de la planta *Tithymallus* podía usarse como tinta invisible. Aunque se pone transparente al secarse, si se calienta despacio se chamusca y se vuelve café. Incluso se sabe de espías que se quedaron sin su habitual tinta invisible y tuvieron que improvisar usando su propia orina. Pero si no eres un espía, seguro que prefieres utilizar otros líquidos que también funcionan como tinta invisible, como los jugos de manzana, de cítricos (naranja o limón) y de cebolla.

Los jugos de algunos cítricos se utilizaban como tinta invisible, para ocultar mensajes.

Las guerras mundiales

Pocos acontecimientos estimulan más el arte de ocultar y camuflar mensajes que las guerras. En ellas, la información se vuelve extremadamente valiosa, capaz por sí sola de desequilibrar una batalla o la guerra completa. Así que no es de extrañar que la Primera y la Segunda Guerras Mundiales produjeran la invención de nuevas técnicas esteganográficas.

John Edgar Hoover fue director del FBI durante 48 años. Hay quienes aseguran que llegó a gozar de más poder que el propio presidente de Estados Unidos.

La más interesante de ellas fue la tecnología del micropunto, inventada por los alemanes y habitual en las películas de espías. El entonces director del FBI, J. Edgar Hoover, se refirió al micropunto como "la obra maestra del espionaje enemigo". Esta tecnología consistía en reducir fotográficamente una página de texto a un punto de menos de un milímetro de diámetro, para luego esconderlo en una carta aparentemente inofensiva. Por ejemplo, un mensaje podía ir oculto en el punto de una *i*, en un punto y aparte, o en el reverso de un sello postal. Fue una práctica habitual de los agentes alemanes en América Latina, hasta que el soplo de un agente doble puso a los estadounidenses sobre aviso. En 1941 el FBI descubrió en la superficie de una carta un brillo diminuto, indicativo de una minúscula película. En efecto, era un micropunto.

El "cifrado nulo" fue muy socorrido en ambas guerras mundiales

Otra técnica esteganográfica ampliamente usada durante la Primera y la Segunda Guerras Mundiales es el llamado "cifrado nulo". Consiste en escribir un texto aparentemente sin importancia en el cual sólo ciertas letras o palabras son significativas; por ejemplo, cada quinta palabra o la primera letra de cada palabra. El resto sólo sirve para enmascarar el auténtico mensaje de forma que no llame la atención.

Éste es un ejemplo de un mensaje real enviado por un espía alemán durante la Primera Guerra Mundial:

"Apparently neutral's protest is thoroughly discounted and ignored. Isman hard hit. Blockade issue affects pretext for embargo on by-products, ejecting suets and vegetable oils."

Si de este inocente texto se extrae la segunda letra de cada palabra, se obtiene este otro mensaje: *"Pershing sails from NY June 1"*.

Curiosamente, la comunicación fue un éxito, pero no tanto la propia información: Pershing, el comandante en jefe de las fuerzas estadounidenses durante la Primera Guerra Mundial, en realidad había partido tres días antes, el 28 de mayo.

Soldados estadounidenses con equipo de comunicaciones arrebatado a los alemanes en la Primera Guerra Mundial.

Técnicas actuales

En las últimas décadas, la invención de la computadora ha cambiado el papel de la esteganografía. Con las herramientas informáticas actuales es muy sencillo camuflar información en una imagen, un archivo sonoro, un video o cualquier otro tipo de archivo, de manera que sea imposible de percibir a simple vista.

Esto ha permitido que la esteganografía haya encontrado nuevas aplicaciones "útiles" para combatir la piratería y proteger los derechos de autor, como la marca de agua digital. Esta técnica, parecida a la marca de agua que tienen los billetes, consiste en insertar un mensaje oculto con información sobre el autor o propietario intelectual —el *copyright*— en películas, canciones, fotografías y otros contenidos digitales. De esta manera, se puede detectar el uso ilícito por parte de un usuario no autorizado.

Gracias a los avances tecnológicos, ahora es muy sencillo ocultar información en los diferentes formatos de archivo que existen.

Ya sea por las técnicas tradicionales o por las modernas aplicaciones, no cabe duda de que la esteganografía está cada vez más presente en nuestra vida diaria, aunque la mayoría de las veces no nos demos cuenta.

La criptografía entra en juego

Cifrar un mensaje es como convertir una imagen en un rompecabezas.

A lo largo de muchos siglos, la esteganografía ha ofrecido ingeniosas ideas para garantizar las comunicaciones secretas. En muchos casos, estas técnicas han resultado ser muy útiles para ocultar la existencia de mensajes y cumplir con éxito su cometido. Sin embargo, la esteganografía tiene una debilidad básica: la estrategia para la comunicación secreta se basa simplemente en la ocultación del mensaje. Todo se reduce a que el mensaje pueda pasar inadvertido, ya que en el momento en que éste se descubre, el contenido de la comunicación se revela. Si los padres hojean el libro donde se ha escondido una nota de amor, si el bizcocho con los planos de la cárcel pasa por el detector de rayos X o la bolita de papel cae a los pies del profesor, sólo queda cruzar los dedos y esperar un milagro de esos que únicamente ocurren en las películas.

Por eso, al mismo tiempo que se desarrollaba la esteganografía, se produjo la evolución de la llamada criptografía, término derivado de las palabras griegas *kryptós*, que significa "escondido", y *graphein*, que significa "escribir". El objetivo de la criptografía no es ocultar la existencia de un mensaje —para eso está la esteganografía—, sino ocultar su significado. Es decir, la criptografía se encarga de enmarañar la información de tal manera que el mensaje que se quiere transmitir no lo entienda nadie, excepto la persona a la que va destinado. De esta manera, aunque el mensaje sea interceptado, su contenido seguirá seguro. ¡Claro que eso no te salvaría de la reprimenda del profesor!

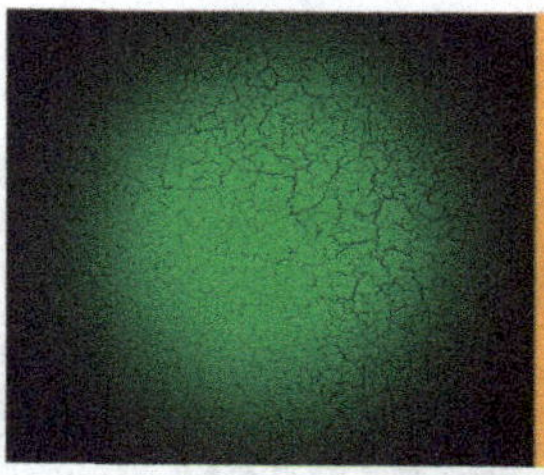

Juguemos a los espías

Cada ciencia o arte tiene su propio vocabulario y para trabajar en ellas hay que conocerlo. La criptografía no es la excepción, así que para adentrarnos en su fascinante mundo, lo primero será familiarizarnos con su lenguaje. Y qué mejor manera que con un ejemplo práctico.

> La criptografía tiene un lenguaje propio, como toda ciencia o arte

Supongamos —y no es mucho suponer— que un espía que vive en un país enemigo consigue una información vital para la seguridad de ese país.

Por este motivo, decide verse lo antes posible con su contacto para facilitarle esa valiosa información. Como tiene que concretar la hora y el lugar, lo primero que debe hacer es transmitirle a su contacto el siguiente mensaje: "Cita en la puerta del parque a las nueve".

Uno de los fines de la criptografía es desordenar la secuencia de letras de un mensaje hasta el grado de hacerlo ininteligible.

Como es lógico, el espía debe tomar sus precauciones. No quiere enviar el mensaje tal cual, pues una tercera persona que lo intercepte puede entenderlo fácilmente. Por ejemplo, podría ser que el teléfono estuviera intervenido. El espía y su contacto deben establecer una comunicación secreta, así que eligen la criptografía para mantener la privacidad de la misma. La criptografía los ayudará a ocultar el significado del mensaje. ¡Por algo se dice que la criptografía es el lenguaje de los espías!

La criptografía se encarga de enmarañar la información para que nadie la entienda

En la jerga de la criptografía, la información original que se quiere proteger se llama texto llano; en el ejemplo actual, el texto llano sería: "Cita en la puerta del parque a las nueve". Para poder esconder su significado, el espía debe cifrar el texto. El cifrado es el proceso que transforma el texto llano en otro que sólo puedan entender las personas que estén autorizadas para ello. A ese texto se le llama texto cifrado o criptograma. El cifrado requiere un conjunto de reglas preestablecidas entre quienes se comunican, que se conoce como algoritmo de cifrado, y una clave que define los detalles exactos del cifrado.

El espía cifrará el mensaje de la siguiente manera: sustituirá cada letra del abecedario llano —el que se usa comúnmente— con otra de un alfabeto cifrado, y luego aplicará esta correspondencia al texto llano. Esto es el algoritmo de cifrado, que explica el procedimiento general. Pero no lo especifica exactamente, porque no se sabe cuál de todos los alfabetos posibles es el cifrado. Para eso está la clave. En este caso, el espía y su contacto han decidido que a cada letra

El éxito de miles de intercambios de comunicaciones secretas se debe a la criptografía. Los espías no pueden quejarse.

del alfabeto llano le corresponda la que ocupa su misma posición empezando por el final. Sería como darle la vuelta al abecedario. Así, la *a* se empareja con la *Z*, la *b* con la *Y*, hasta llegar a la *z* con la *A*. Por convención, en criptografía se escribe el alfabeto llano en letras minúsculas y el cifrado en letras mayúsculas. De la misma manera, el texto llano se escribe en minúsculas y el cifrado en mayúsculas. De este modo, el resultado de aplicar el algoritmo de cifrado y la clave es el siguiente:

Alfabeto llano:	a	b	c	d	e	f	g	h	i	j	k	l	m	n	ñ	o	p	q	r	s	t	u	v	w	x	y	z
Alfabeto cifrado:	Z	Y	X	W	V	U	T	S	R	Q	P	O	Ñ	N	M	L	K	J	I	H	G	F	E	D	C	B	A

Una vez que se han definido el alfabeto llano y el alfabeto cifrado sólo hay que sustituir cada letra del mensaje por su correspondiente en el alfabeto cifrado (la *c* por la *X*, la *i* por la *R*, y así sucesivamente), con lo cual el mensaje que el espía debe transmitir es:

Mensaje llano:	C i t a e n l a p u e r t a d e l p a r q u e a l a s n u e v e
Mensaje cifrado:	XRGZ VN OZ KFVIGZ WVO KZIJFV Z OZH NFVEV

Cuando el contacto reciba el mensaje deberá descifrarlo. El descifrado es el proceso inverso al cifrado: consiste en recuperar el texto llano a partir del texto cifrado mediante el algoritmo de cifrado y la clave. Pero eso es muy fácil para él. Como también dispone del alfabeto cifrado, sabe que una *X* en el texto cifrado se corresponde con una *c* en el texto llano, una *R* es una *i*, etcétera. En apenas unos minutos sabrá los detalles exactos del mensaje que le ha enviado el espía y podrá acudir al encuentro en el lugar y a la hora señalados.

Supongamos ahora que una tercera persona intercepta el mensaje mientras se envía al contacto. Como no dispone de la clave, el mensaje le resultará de entrada totalmente ilegible. Si fuese un experto en criptografía, el interceptor quizás podría sospechar que cada letra del texto llano ha sido reemplazada por una letra diferente según un alfabeto cifrado particular.

La importancia de la clave fue expuesta en 1883 por el lingüista holandés Auguste Kerckhoffs de la siguiente forma: "La seguridad de un sistema criptográfico no debe depender de mantener secreto el algoritmo de cifrado. La seguridad depende sólo de mantener secreta la clave". Estas palabras se conocen en la actualidad como el "principio de Kerckhoffs".

Para conocer la criptografía a fondo, es necesario familiarizarse con su lenguaje

Pero incluso aunque supiese cuál era el algoritmo de cifrado, no podría saber cuál de todos los posibles alfabetos cifrados ha sido utilizado, porque no tiene la clave.

Ésta es la principal ventaja de la criptografía: sin conocer la clave, resulta muy difícil —cuando no imposible— obtener el mensaje original a partir del texto cifrado.

Una combinación ideal

A primera vista, podríamos pensar que la criptografía y la esteganografía son técnicas similares. Sin embargo, al profundizar algo más en cada una de ellas, se puede comprobar que son completamente distintas. Esto nos ofrece dos opciones muy útiles en el caso de que queramos mantener una comunicación secreta. Eso sí, la mayoría de los expertos en el tema coinciden en que la criptografía es la más poderosa de las dos ramas de la comunicación secreta, gracias a su capacidad para evitar que la información caiga en manos enemigas.

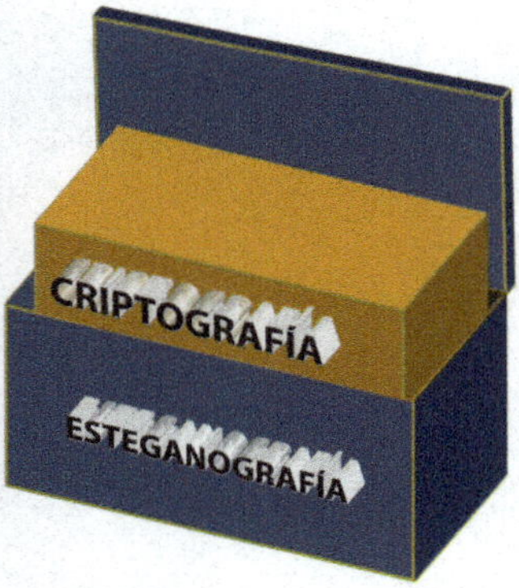

El uso de la esteganografía y la criptografía en conjunto aumenta las posibilidades de éxito.

Pero, ¡un momento! ¿Por qué limitarnos a usar sólo una de ellas? ¿Por qué no utilizar las dos a la vez? Aunque la criptografía y la esteganografía sean independientes, ambas se complementan a la perfección: la primera oculta el significado del mensaje y la segunda oculta la existencia del propio mensaje. Cada una por separado no asegura el secreto, pero si se aplican ambas técnicas para cifrar y ocultar un mensaje, se aumenta el nivel de seguridad y con ello las posibilidades de éxito. Si un mensaje cifrado es interceptado, el interceptor sabe que es un mensaje cifrado. Pero si se utiliza además la esteganografía, el interceptor probablemente no sepa que hay un mensaje cifrado.

En la Segunda Guerra Mundial hubo muchos casos de uso de criptografía y esteganografía combinadas.

A lo largo de la historia ha habido muchos casos de criptografía combinada con esteganografía. Por mencionar uno, en la Segunda Guerra Mundial, cuando los alemanes se dieron cuenta de que los estadounidenses habían descubierto el secreto de los micropuntos, sus espías tomaron la precaución extra de cifrar los mensajes antes de reducirlos.

La criptografía y la esteganografía se complementan a la perfección

Bombardeo de la fuerza aérea alemana en Londres.

En estos casos, aunque los estadounidenses pudieron a veces interceptar y bloquear las comunicaciones del espionaje alemán —eso era inevitable—, no lograron averiguar ninguna información adicional sobre sus actividades, porque la criptografía cumplía su cometido. Hoy en día, con la ayuda de herramientas informáticas, se pueden combinar ambas técnicas de forma muy sencilla.

Así que, siempre que sea posible, dos es mejor que uno.

Cómo desordenar un mensaje

El alfabeto llano es la base de los alfabetos cifrados elementales, pero se puede recurrir a otros signos.

Un anagrama consiste en tomar las letras de una palabra o frase, desordenarlas y colocarlas en diferente orden, para formar otra palabra o frase. Roma-amor y Roldán-ladrón son dos anagramas. Como puedes comprobar, las palabras de cada pareja tienen las mismas letras y cada una aparece el mismo número de veces, pero en distinto orden. Los anagramas se usan con frecuencia como pasatiempos, en juegos de palabras o en la formación de seudónimos. Por ejemplo, el poeta francés Paul Verlaine se incluyó a sí mismo en un ensayo acerca de la poesía, bajo el seudónimo de Pauvre Lelian (el Pobre Lelian), un anagrama de su nombre.

Los anagramas se emplean como pasatiempos, en juegos de palabras o en la formación de seudónimos

Los anagramas juegan un papel vital en la criptografía. Una de las ramas principales de ésta es la transposición, que consiste en cambiar el orden de las letras de un mensaje para que pierda su significado. Es decir, la transposición se basa en generar anagramas.

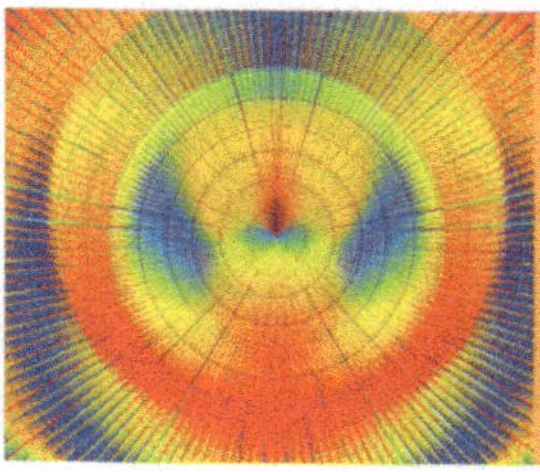

Cuando hay que enviar mensajes muy cortos, la transposición no es muy aconsejable, debido a que hay muy pocas maneras de combinar un puñado de letras. Por ejemplo, una palabra de tres letras, como la palabra "sol", sólo puede combinarse de seis maneras distintas: sol, slo, los, lso, osl, ols. Cualquier anagrama de la palabra "sol" sería fácilmente reconocible y eso no le interesa a la criptografía. Sin embargo, si el número de letras del mensaje aumenta, la cantidad de combinaciones posibles se dispara de manera exponencial, haciendo prácticamente imposible volver al mensaje original, a no ser que se conozca el proceso de cifrado exacto. Por ejemplo, pensemos en una expresión tan breve y habitual como "buenos días". Contiene solamente diez letras y, sin embargo, con esa frase se pueden hacer casi dos millones de combinaciones diferentes. Si pudieras comprobar una combinación por segundo, eso significaría un mes de trabajo ininterrumpido, día y noche, para poder revisar todas las posibilidades. Las combinaciones viables del mensaje se han multiplicado por 300 000 sin más que aumentar la longitud de tres a diez letras. Imagínate si el mensaje fuese el doble o el triple de largo.

Por consiguiente, parece que utilizar la cifra de transposición para un mensaje a partir de una cierta longitud en adelante ofrece un nivel altísimo de seguridad, porque si un enemigo interceptara un mensaje cifrado de esta manera, se le quitarían las ganas de intentar descifrarlo. Sin embargo, en realidad es un arma de doble filo. Esta transposición genera un anagrama tan increíblemente difícil, que descifrar el mensaje resultaría tan complicado para el enemigo como para el destinatario. Si las letras se mezclan al azar, sin orden ni concierto, no hay manera de deshacer el proceso y obtener el mensaje llano a partir del mensaje cifrado. Hace falta alguna regla —la clave— que haga que el proceso de descifrar sea asequible al receptor.

La palabra "cifra" proviene de *sifr*, un antiguo término arábigo para designar al número cero. Cuando en Europa se comenzaba a cambiar del sistema de numeración romano al arábigo, se desconocía el concepto del número cero, por lo que tal dígito resultaba misterioso y enigmático. Éste es posiblemente el origen de la palabra "cifrado".

La transposición altera el orden de las letras de un mensaje, para que pierda su significado

Ejemplos de transposición

Uno de los métodos de transposición más extendidos es la transposición geométrica. Se llama así porque en ella se sigue algún patrón geométrico para el proceso de cifrado. Por ejemplo, se puede escribir el texto llano en filas de una longitud determinada, formando un rectángulo de letras. De esta manera, para cifrar el siguiente mensaje: "Ataque al amanecer", primero lo escribiríamos así:

A	T	A	Q
U	E	A	L
A	M	A	N
E	C	E	R

Una vez que hemos dispuesto las letras de esta forma, debemos especificar la clave. Una posibilidad sería leer las columnas de arriba abajo, y colocar cada una a continuación de la anterior, empezando por el lado izquierdo:

AUAETEMCAAAEQLNR

Si hacemos lo mismo, pero leyendo las columnas de derecha a izquierda, obtendríamos el siguiente mensaje cifrado:

QLNRAAAETEMCAUAE

También se podrían leer las columnas impares de arriba abajo, y las pares de abajo a arriba, empezando por la izquierda:

AUAECMETAAAERNLQ

E incluso en espiral:

RNLQATAUAECEAAEM

Existen muchas variantes de este tipo. ¿Se te ocurren más? El único límite es tu fantasía. Eso sí, ten en cuenta que la clave debe ser fácil de recordar. ¡No la vayas a complicar demasiado!

En vez de variar la manera de leer el mensaje, se puede jugar con la disposición de las letras. Es el caso de la llamada transposición "de riel", que consiste en escribir el mensaje alternando las letras en dos líneas separadas. A continuación, la secuencia de letras de la línea inferior se añade al final de la secuencia de la línea superior, creándose así el mensaje cifrado. Por ejemplo, vamos a cifrar el siguiente proverbio árabe: "Libros, caminos y días dan al hombre sabiduría". Para ello se escriben las letras siguiendo las indicaciones anteriores:

L	B	O	C	M	N	S	D	A	D	N	L	O	B	E	A	I	U	I
I	R	S	A	I	O	Y	I	S	A	A	H	M	R	S	B	D	R	A

Con lo que el texto cifrado resulta el siguiente:

LBOCMNSDADNLOBEAIUIIRSAIOYISAAHMRSBDRA

El receptor puede recuperar el mensaje simplemente invirtiendo el proceso, es decir, dividiendo el texto cifrado en dos mitades y escribiendo la segunda mitad debajo de la primera. Se puede mejorar la seguridad de esta cifra aumentando el número de líneas en las que se separa el mensaje; pueden ser tres, cuatro o las que quieras, siempre que te pongas de acuerdo con el receptor.

En la antigua Grecia, los espartanos cifraban sus mensajes en una cinta de cuero mediante un aparato llamado escítalo. Cuando la cinta de cuero era enviada a su destinatario, el mensajero se la colocaba a modo de cinturón, con las letras ocultas en la cara interna para mayor seguridad.

También existen otros patrones geométricos que no son tan habituales, como la conocida como transposición de cruz griega:

B		F		J		N		Q		U		Y
A	C	E	G	I	K	M	Ñ	P	R	T	V	X	Z
D		H		L		O		S		W		

Que al armarse en tres líneas quedaría así:

BFJNQUYACEGIKMÑPRTVXZDHLOSW

Una vez más, con imaginación se pueden inventar otras formas de transposición muy ingeniosas, originales y, ¿por qué no?, hasta bonitas.

Mensaje en griego.

El escítalo espartano

Un ejemplo histórico de transposición es el escítalo espartano, el primer aparato criptográfico militar de la historia. El escítalo era un bastón de madera, del que se tenían dos ejemplares idénticos. El emisor enrollaba una tira de cuero o de pergamino alrededor del bastón y escribía longitudinalmente sobre el mismo el mensaje que quería transmitir. Entonces se retiraba la cinta, en la que quedaba un galimatías sin sentido —el mensaje había sido cifrado—, y se enviaba al destinatario, que disponía de una copia del escítalo. Las letras inconexas sólo cobraban sentido al colocar la cinta sobre un escítalo con el mismo diámetro que el original. En caso contrario, el mensaje cifrado continuaba siendo eso, un galimatías sin sentido. De esta manera, Esparta podía transmitir órdenes secretas a los generales de su ejército durante las campañas militares.

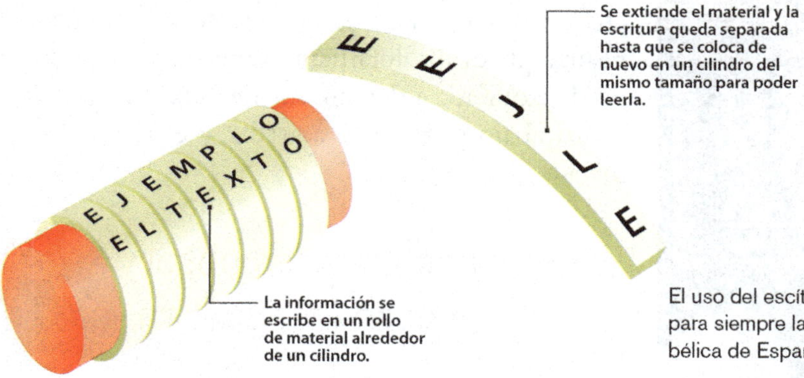

El uso del escítalo cambió para siempre la historia bélica de Esparta.

Puedes comprobar cómo funciona construyendo tu propio escítalo con un palo de madera o un tubo alargado, y cifrando tus mensajes en una cinta de papel.

El cuadrado latino

La fórmula Sator, o cuadrado latino, es otro ejemplo histórico de una cifra de transposición. Está constituida por una serie de palabras de cinco letras, colocadas en un cuadrado, encontrada en las paredes de algunas residencias romanas en Pompeya y Cirencester, tal y como muestra la siguiente figura.

R	O	T	A	S
O	P	E	R	A
T	E	N	E	T
A	R	E	P	O
S	A	T	O	R

Ruinas de Pompeya con vestigios de pinturas murales.

En el cuadrado se leen las palabras latinas *rotas opera tenet arepo sator*, que traducido sería: "Él, que guía el arado, planta la semilla". Lo primero que llama la atención de esta frase es que se trata de un palíndromo: se lee igual de izquierda a derecha que de derecha a izquierda. Pero si nos fijamos en el cuadrado, resulta que es absolutamente simétrico: puede ser leído de izquierda a derecha, de derecha a izquierda, de arriba abajo y de abajo a arriba, y el resultado es el mismo.

El cuadrado latino es absolutamente simétrico: se lee igual en todas direcciones.

Pero estas inocentes palabras esconden el siguiente mensaje, que aparece después de reordenar las letras del cuadrado latino:

```
      P
      A
  A   T   O
      E
      R
PATERNOSTER
      O
      S
  O   T   A
      E
      R
```

Pater Noster —repetido dos veces— quiere decir “Padre Nuestro”. Los Pater Noster forman una cruz, la cual tiene significado cristiano. Finalmente, las *A* y las *O* restantes representan alfa y omega, la primera y la última letra del alfabeto griego, el principio y el fin, también con significado cristiano.

Se cree que el cuadrado latino se ponía en las casas que ofrecían refugio a los cristianos, perseguidos durante el Imperio Romano, quienes eran las únicas personas que sabían cómo transponer las letras para obtener el sentido real del cuadrado. Aunque, a decir verdad, es muy difícil que se llegue a saber con seguridad su verdadero significado.

Catacumbas de San Pablo, en Malta.

Sustituyendo letras

Columnas romanas.

En el siglo I a.C., el Imperio Romano se extendía por el mar Mediterráneo, desde el sur de Hispania hasta la actual Turquía, en Asia, pasando por la costa norte de África. Pero eso no era suficiente para el ambicioso cónsul de Roma en la Galia, quien pretendía someter también el territorio de lo que hoy es Francia, Bélgica y parte de Alemania. Su nombre era Cayo Julio César, quien más tarde pasaría a la historia por sus conquistas y por ser asesinado por un grupo de senadores, entre los que se encontraba su propio hijo, Bruto.

Julio César empleó la criptografía para sus fines de conquista

Entre 58 y 51 a.C., Julio César emprendió una serie de campañas para someter a los pueblos galos. Estas batallas pasaron a la historia como la Guerra de las Galias. En una de ellas, una legión al mando de Quinto Cicerón fue asediada por unas tribus galas que se habían rebelado contra el dominio romano. Cuando César recibió la noticia, decidió acudir con dos de sus legiones en su ayuda y envió también a un

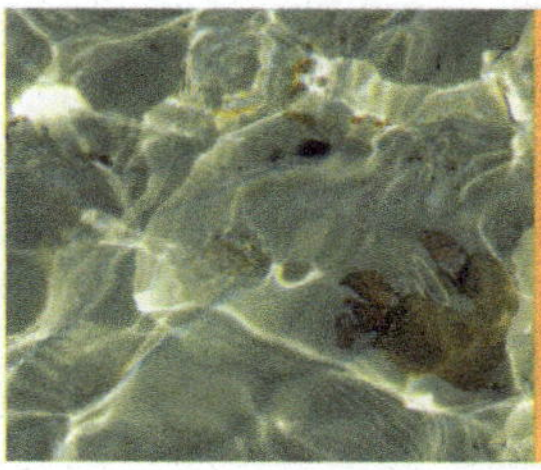

soldado de su caballería para llevar a Cicerón un mensaje. En caso de que no pudiera dárselo en mano, el mensajero tenía la orden de arrojarlo dentro del campamento, atándolo a una flecha. Al acercarse al campamento de Cicerón, el mensajero comprobó que todas las sendas estaban tomadas por el enemigo, por lo que, temiendo ser descubierto, disparó la flecha según las instrucciones recibidas. Finalmente, un soldado reparó en la presencia del mensaje y se lo llevó a Cicerón, quien estaba entonces a punto de rendirse. Después de leerlo, Cicerón convocó a las tropas y repitió el mensaje en voz alta, lo que provocó un gran estallido de alegría.

El contenido de la carta, motivo del júbilo de Cicerón y sus soldados, era el siguiente:

TVSQXS PI ZIVEW GSQ PMW OIKMSQIW

La cifra de César

Podría parecer que Cicerón y toda su legión sufrieron un ataque de locura provocado por el largo asedio, pero no se trataba de eso. Lo que ocurrió es que Julio César había utilizado la criptografía para asegurar la privacidad de la comunicación, por si el mensaje caía en manos enemigas. Al parecer, según cuenta Suetonio en su libro *Vida de los doce Césares,* era práctica habitual de Julio César emplear la escritura secreta, e incluso llegó a crear su propia cifra, que consistía sencillamente en sustituir cada letra del mensaje por la letra que está tres lugares después en el alfabeto, tal y como se muestra a continuación:

Durante la Guerra de las Galias, Julio César utilizó la criptografía para comunicarse con sus generales.

Alfabeto llano:	a	b	c	d	e	f	g	h	i	j	k	l	m	n	ñ	o	p	q	r	s	t	u	v	w	x	y	z
Alfabeto cifrado:	D	E	F	G	H	I	J	K	L	M	N	Ñ	O	P	Q	R	S	T	U	V	W	X	Y	Z	A	B	C

En su honor, esta cifra se conoce como la cifra de César. Y de la misma manera que se ha desplazado cada letra tres lugares, podrían haber sido dos, cinco o 14: cualquier desplazamiento entre uno y 26 lugares hubiese sido igualmente válido. Por lo tanto, existen 26 claves distintas para la cifra de César. Desplazar el alfabeto 27 posiciones no sería nada práctico, porque en tal caso el resultado sería el mismo alfabeto llano.

Por ejemplo, si para distinguir a César quisiéramos cifrar su famosa frase *Veni, vidi, vici,* el resultado sería YHPL, YLGL, YLFL. Ahora bien, si César hubiera usado su cifra en el mensaje que envió a Cicerón, pero desplazando cada letra cuatro lugares en vez de tres, ¿podrías decir cuál era entonces el contenido del mensaje que provocó la alegría de los soldados?

Estampilla de correos de Italia con la efigie de Julio César.

La cifra de César sustituye cada letra del mensaje por la letra que se encuentra tres lugares adelante

Para ayudarte, puedes construir tu propio instrumento para escribir y leer mensajes con la cifra de César. Sólo tienes que recortar dos círculos, uno más grande que el otro, y sobre una cartulina juntarlos con una tachuela por sus centros. Escribe, en minúsculas y en color morado sobre el círculo pequeño, el alfabeto llano, y en mayúsculas y en color naranja sobre el grande, el alfabeto cifrado. Al girar una rueda sobre la otra se emparejan las letras de los círculos, obteniendo la equivalencia entre el alfabeto llano y el cifrado. Sólo tienes que decidir cuántos lugares quieres que se desplace el alfabeto. Por ejemplo, si quieres que sean cuatro, debes alinear la letra *E* del círculo exterior con la letra *a* del círculo interior. Ahora ya estás listo para cifrar y descifrar como lo haría el mismísimo César.

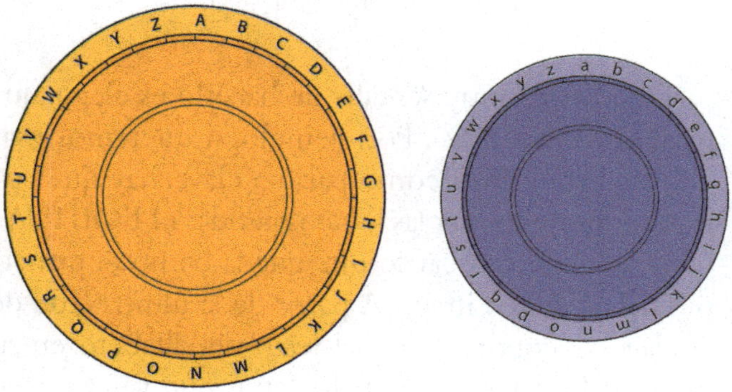

Inventa mensajes con tus amigos utilizando este sencillo juego de letras y ruedas.

Un método sencillo pero eficaz

La cifra de César es un ejemplo de la llamada criptografía de sustitución. Como su nombre indica, la sustitución consiste en reemplazar cada letra del mensaje inicial por otra diferente. Se puede decir que las dos ramas principales de la criptografía —transposición y sustitución— son complementarias: en la primera, cada letra mantiene su identidad pero cambia su posición, mientras que en la sustitución cada letra cambia su identidad pero mantiene su posición.

El método de sustitución descansa en el concepto del alfabeto cifrado, esto es, la lista de equivalencias que se usa para transformar el texto llano en el cifrado. Existen infinidad de alfabetos cifrados distintos, tantos como posibles permutaciones de las 27 letras del alfabeto. Pero al igual que en el caso de la transposición, si se deja en manos del azar la selección del alfabeto cifrado, resultará tan difícil para el enemigo como para el receptor poder descifrarlo.

El mensaje que César envió a Cicerón estaba escrito en griego, una lengua que desconocían los galos, lo que hacía que el mensaje resultara ininteligible para ellos. Así lo explica el propio César en su libro *La Guerra de las Galias,* que supone el primer uso documentado de una cifra de sustitución con propósitos militares.

Los modernos graffiti son una especie de escritura secreta.

Así que una vez más, emisor y receptor deben definir una clave, es decir, deben determinar el orden de las 27 letras del alfabeto cifrado.

La transposición y la sustitución son las dos ramas principales de la criptografía

Una forma muy sencilla de hacerlo es elegir una palabra o frase clave. Por ejemplo, si queremos usar TEOTIHUACAN como palabra clave, hay que comenzar por eliminar las letras repetidas (TEOIHUACN), y luego colocar lo que queda como el principio del alfabeto cifrado. A partir de la última letra de la clave se continúa con el resto del alfabeto en su orden habitual, sin repetir las letras que ya aparecen en la clave. En este caso, como termina con la N, se seguiría con la Ñ, P, Q… (la O no porque ya aparece en la clave). De esta forma, el alfabeto cifrado sería el siguiente:

Alfabeto llano:	a	b	c	d	e	f	g	h	i	j	k	l	m	n	ñ	o	p	q	r	s	t	u	v	w	x	y	z
Alfabeto cifrado:	T	E	O	I	H	U	A	C	N	Ñ	P	Q	R	S	V	W	X	Y	Z	B	D	F	G	J	K	L	M

La gran ventaja de una cifra de sustitución es que combina la sencillez con la eficacia. Es sencilla porque elegir una clave y memorizarla, sin necesidad de apuntarla en un trozo de papel, es muy fácil. Y es eficaz porque ofrece un alto nivel de seguridad. Al enemigo le será prácticamente imposible probar cada una de las claves potenciales hasta dar con la correcta, un método que se denomina de manera muy gráfica "ataque por fuerza bruta". Por eso se considera que las cifras de sustitución son mucho más variadas e importantes que las cifras de transposición.

Cuadro anónimo que representa una asamblea secreta de masones.

La cifra Pigpen

Otro ejemplo histórico de la cifra de sustitución es la cifra Pigpen, que fue usada habitualmente por los masones para proteger sus mensajes durante el siglo XVIII. No es una clásica cifra de sustitución, en el sentido de que una letra del alfabeto llano no se sustituye por otra del alfabeto cifrado, sino por un símbolo. Cada una de las 26 letras del alfabeto inglés —recordemos que en este idioma no existe la ñ— se acomodan en estas cuatro figuras geométricas, tal como se muestra a continuación:

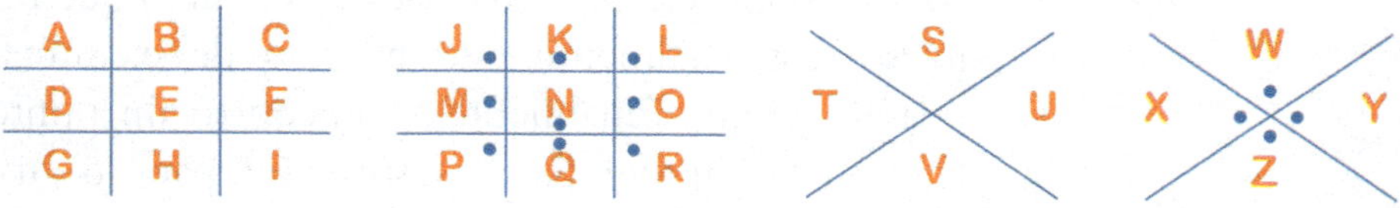

Entonces, para cifrar un mensaje se localiza la posición de cada letra del texto llano en las figuras y se recorta esa porción de figura. Así:

a = , b = , ..., z = 

Por ejemplo, el mensaje "Esta noche hay reunión" se cifraría de la siguiente forma:

La cifra Pigpen dejó de ser utilizada por los masones para sus comunicaciones secretas una vez que su clave fue revelada al público hace ya mucho tiempo.

Un dominio de siglos

La simplicidad y la fortaleza demostradas por la cifra de sustitución hicieron que muchos eruditos de la época la consideraran indescifrable, debido al enorme número de claves posibles. Y así fue durante siglos. Parecía que los creadores de cifras habían conseguido establecer una técnica para garantizar la comunicación segura, ante la cual no había método más útil que sentarse a probar claves y esperar a que sonara la flauta por casualidad.

> Los masones nacieron como un grupo de trabajadores del gremio de constructores de catedrales. Con el paso del tiempo, la asociación evolucionó a una institución social y de negocios, agrupada en logias y con muchos rituales secretos. Los masones continúan existiendo en todo el mundo.

La cifra de sustitución se consideraba indescifrable

Pero los descifradores no estaban dispuestos a tirar la toalla tan fácilmente. Descartada la opción de revisar una a una las posibles combinaciones del alfabeto cifrado, era necesario buscar un atajo que redujese sustancialmente este proceso de examinar todas las claves. Finalmente, se encontró un punto débil en la criptografía de sustitución, para lo cual fue necesario combinar hábilmente los números y las letras, las matemáticas con la lingüística. Aunque para ello hubo que esperar al florecimiento de:

El nacimiento del criptoanálisis

Así empieza el relato "Un marido sin vocación", de Enrique Jardiel Poncela: "Un otoño —muchos años atrás—, cuando más olían las rosas y mayor sombra daban las acacias, un microbio muy conocido atacó, rudo y voraz, a Ramón Camomila: la furia matrimonial". Esta frase, que parece tan normal, tiene una peculiaridad como el resto del relato: está escrita sin la letra *e*. Es lo que se conoce como un lipograma: un texto que se construye prescindiendo voluntariamente de alguna letra del abecedario.

Un arco del Patio de los Leones, en la Alhambra de Granada.

Con un poco que lo pienses, te darás cuenta de que es muy difícil hablar sin la letra *e*. Decir una sola palabra puede resultar fácil, pero el asunto se complica cuando hay que pensar en toda una frase. Esto se debe a que la letra *e* es muy común en nuestro idioma y cuanto mayor es la presencia de una letra, más difícil es prescindir de ella. Sería mucho más sencillo hablar sin la letra *x*, por ejemplo.

La idea fundamental es que no todas las letras aparecen con la misma frecuencia en los textos, sino que algunas se emplean más a menudo que otras. En español, las vocales son muy frecuentes, la *e* y la *a* son las que más se usan, mientras que otras letras, como *f, z, j, x, w* y *k,* apenas suman 2 por ciento. Sin embargo, esto no ocurre en inglés, idioma en el que la *e* también es la letra más habitual, seguida de la *t* y luego la *a*. Y si analizásemos el alemán o el chino, encontraríamos otras particularidades. En definitiva, dependiendo de la lengua que se considere, cada letra tiene un papel bien definido que se traduce en la frecuencia con que aparece.

Puede ser que te estés preguntando qué tiene que ver todo esto con la criptografía. La respuesta es la siguiente: como ya sabes, cuando se utiliza la cifra de sustitución, cada letra del texto llano se sustituye por otra letra diferente. Imaginemos un texto en el que la *e* se cifra como *W*. Si la *e* era la letra más frecuente en el texto original, la *W* lo será también en el texto cifrado. Es decir, después de cifrarse, la nueva letra adquirirá todas las cualidades de la vieja letra, incluyendo la frecuencia con que aparece. Y siempre será así, independientemente de la clave elegida.

Al Kindi (801-873) fue filósofo, astrónomo, químico, matemático, músico, lingüista y físico. Escribió 290 libros y fue bautizado como el "filósofo de los árabes". Además de inventar el criptoanálisis, Al Kindi es famoso por sus esfuerzos para dar a conocer la filosofía griega al mundo árabe.

Ésta es la pista necesaria para acabar con el dominio de la cifra de sustitución. Aunque, para entender esto, hubo que esperar varios siglos a que una cultura alcanzase unas cotas de esplendor y sabiduría nunca vistas hasta entonces.

El florecimiento de la cultura islámica

A partir del siglo VII floreció en Asia Central una de las culturas más ricas que han existido: la cultura islámica. Durante varios siglos, las artes y la ciencia vivieron una época dorada. En el campo, se mejoraron los sistemas de regadío y se introdujeron prácticas agrícolas hasta entonces desconocidas. En las ciudades, los artesanos trabajaban el cuero, los metales, los tejidos de lana y seda, los muebles y la cerámica. Los impuestos bajos fomentaron el comercio y la industria. Y las mezquitas, los palacios, las bibliotecas y las escuelas brillaban en todo su esplendor.

Las columnas, arcos y cúpulas de la arquitectura islámica representan orden y precisión. En la foto, la Mezquita de Córdoba.

Uno de los aspectos que más se fomentaban en las escuelas islamitas era la erudición religiosa. Las revelaciones de Mahoma fueron transmitidas oralmente; para establecer la cronología de las mismas, se contaba la frecuencia de las palabras que aparecían en cada revelación. Un alto número de palabras consideradas "nuevas" indicaba que la revelación había aparecido más tarde.

Al Kindi fue el primero en aplicar las frecuencias de las letras para descifrar mensajes en el siglo IX

Pero los teólogos no limitaron su análisis a las palabras. También estudiaron al detalle las letras una por una y llegaron a la misma conclusión que nosotros: algunas letras son más comunes que otras. En el caso del árabe, las letras *a* y *l* son las más frecuentes, a diferencia de la *j*, que es muy poco habitual.

El erudito Al Kindi fue el primero en aplicar las frecuencias de las letras para descifrar mensajes en el siglo IX. El título del libro donde lo explica es elocuente: *Sobre el desciframiento de mensajes criptográficos*. El sistema de Al Kindi consiste sencillamente en obtener la frecuencia de cada letra en un texto lo suficientemente largo, hacer lo mismo en el texto cifra-

Aspecto de la excavación del Templo Mayor, en la ciudad de México.

do y emparejar las letras según la frecuencia de aparición, sustituyendo unas por otras. Esta técnica se llama análisis de frecuencias y es la herramienta básica para descifrar un mensaje sin conocer su clave.

Sin embargo, la técnica de Al Kindi no se puede aplicar a rajatabla en cualquier texto que caiga en tus manos. Si se trata de un texto corto, es muy fácil que se desvíe del análisis de frecuencias normal. Por ejemplo, si hablamos de los meses del calendario azteca y juntamos en la misma frase *tozoztontli*, *hueytozoztli* y *panquetzaliztli*, la frecuencia de la *z* subirá muy por encima de lo esperado. Claro que cuanto más largos sean los textos, más probable es que sus letras se ajusten mejor a sus frecuencias normales. Pero incluso con textos extensos no tiene por qué ser así. Imagínate lo que pasaría si se hiciese el análisis de frecuencias del lipograma de Jardiel Poncela.

Radiografía de un criptoanálisis

Ahora que ya sabemos cómo funciona la teoría, vamos a ponerla en práctica. Intentemos descifrar el siguiente texto, del que sabemos que está en español y que se ha utilizado una cifra de sustitución. Además, para facilitar la tarea, el criptógrafo de turno ha tenido el detalle de conservar el espaciado entre palabras, así como los puntos y comas. Aunque esta tarea puede parecer muy difícil, utilizando algunas sencillas técnicas y con intuición y paciencia se puede conseguir el objetivo. El texto que hay que descifrar es:

"OSW TMIW HIO LSPFVI WI LYQHMIVSQ IQ OE EVIQE, HINEQHS YQE LYIOOE WMQ JSVPE, GSPS WM JYIVE OE TIDYQE HI EOKYQ EQMPEO. XVITEVSQ WSFVI OEW TMIHVEW, IQKEVVYREQHSWI EO WIQXMV OE MQGOMQEG-MSQ HI OE WYFMHE, OYIKS GEPMQEVSQ LEGME EVVMFE, FYWGEQHS IO LSVMDSQXI."
NYEQ VYOJS, IO LSPFVI.

Para empezar, apliquemos las enseñanzas del maestro Al Kindi y contemos las veces que aparece cada letra en el texto.

A	B	C	D	E	F	G	H	I	J	K	L	M	N	Ñ	O	P	Q	R	S	T	U	V	W	X	Y	Z
0	0	0	2	31	6	6	10	24	3	3	6	15	2	0	17	6	22	2	18	4	0	18	12	3	12	0

Como era de esperar, algunas letras aparecen mucho, mientras que otras ni siquiera están. Las letras más frecuentes en el texto cifrado son *E*, *I*, *Q*, *S* y *V*. Por otro lado, sabemos que en español las letras más usadas son *e*, *a*, *o*, *s* y *n*, en ese orden. Sería muy bonito —y cómodo— que la correspondencia se mantuviera una a una (la *E* con la *e*, la *I* con la *a*, etcétera), pero en un texto tan corto puede haber alguna variación. Lo normal es que las letras más habituales en el texto cifrado se correspondan con las más habituales en español, aunque no necesariamente en el mismo orden.

Como aún no hemos podido aclarar mucho con esto, vamos a sacar a relucir nuestros conocimientos de lingüística. Para ello, centrémonos en las palabras más cortas, que también pueden proporcionarnos mucha información.

Alfombra decorada con escritura árabe.

Algunas de las palabras de dos letras más utilizadas en nuestra lengua son: *el, la, de, es, en* y *se*

Como no hay ninguna palabra de una sola letra, pasaremos a las de dos. Algunas de las palabras de dos letras más habituales en nuestra lengua son: *el, la, de, es, en* y *se*. Si nos fijamos en el texto, hay una palabra que se repite especialmente: *OE*, que aparece en seis ocasiones, mientras que las siguientes que más se repiten son *HI* e *IO*, dos veces cada una. Además, salvo en una ocasión, cada vez que aparece *OE*, la siguiente palabra acaba en *E*.

Ésa es una pista muy importante, porque nos hace pensar que se trata de algún tipo de concordancia gramatical. Como la primera palabra sólo tiene dos letras, es de suponer que se trata de un artículo y, por lo tanto, la concordancia sea entre un sustantivo y su artículo. Una opción es que ambos estén en plural y que terminen en *s*. Sin embargo, no hay un artículo de dos letras que termine en *s*. La otra posibilidad es la concordancia de género. Salvo algunas excepciones —la más dolorosa de ellas es "madre"—, la mayoría de las palabras femeninas terminan en *a*. Esto nos hace sospechar que la letra *E* es en realidad la *a*, y entonces *OE* sería *la*. Como la letra *E* es la que más aparece en el texto cifrado y la *a* es la segunda letra más usada en español, podemos dar por buena esta hipótesis. Esto nos lleva a descubrir otra letra: la *O* es la *l*.

La concordancia gramatical es la armonía que deben guardar entre sí el adjetivo con el sustantivo, por un lado, y el verbo con el sujeto, por el otro. Cuando el verbo se refiere al sujeto, concuerda con él en número y persona, y cuando el adjetivo se refiere al sustantivo, concuerda con él en género y número.

Alfabeto cifrado:	A	B	C	D	E	F	G	H	I	J	K	L	M	N	Ñ	O	P	Q	R	S	T	U	V	W	X	Y	Z
Alfabeto llano:	?	?	?	?	a	?	?	?	?	?	?	?	?	?	?	l	?	?	?	?	?	?	?	?	?	?	?

Al sustituir las dos letras descubiertas, tendríamos lo siguiente:

"ISW TMIW HII LSPFVI WI LYQHMIVSQ IQ la aVIQa, HINaQHS YQa LYIlla WMQ JSVPa, GSPS WM JYIVa LA TIDYRa HI alKYQ aQMPal. XVITaVSQ WS-FVI laW TMIHVaW, IQKaVVYRaQHSWI al WIQXMV la MQGLMQaGMSQ HI la WYFMHa, IYIKS GaPMQaVSQ LaGMa aVVMFa, FYWGaQHS II ISVMDS-QXI."

NYaQ VYIJS, II LSPFVI.

Hay otro aspecto del texto que llama poderosamente la atención: la *V* aparece doble en dos ocasiones. Esto no es muy habitual en nuestro idioma; de hecho, sólo la *l,* la *r* y la *c* lo pueden hacer. La *l* ya la hemos descubierto, así que nos quedan dos candidatas. Una de las palabras del texto termina en *V*, cosa rara si fuera la *c*, y mucho más normal si fuera la *r* (el infinitivo de un verbo). Así que podemos suponer que la *V* es la *r*. Pero sigamos razonando. Antes y después de *ll* y *rr* sólo puede haber vocales, nunca consonantes. Por lo tanto, *I, Y* y *M* deben de ser vocales. Siendo la *I* la que más aparece de las tres, y la segunda más habitual de todo el texto, es lógico pensar que sea la *e*.

Otra de las letras que deberían ser fáciles de localizar es la letra *s*. Por concordancia, si un sustantivo está en plural, también lo debe estar su artículo. Eso es lo que parece ocurrir con las dos primeras palabras. Otro ejemplo en la tercera fila confirma nuestras sospechas: la *W* es la *s* y, por lo tanto, la *S* es la *o*. Entonces, tenemos lo siguiente:

Alfabeto cifrado:	A	B	C	D	E	F	G	H	I	J	K	L	M	N	Ñ	O	P	Q	R	S	T	U	V	W	X	Y	Z
Alfabeto llano:	?	?	?	?	a	?	?	?	e	?	?	?	?	?	?	l	?	?	?	o	?	?	r	s	?	?	?

"los TMes Hel LoPFre se LYQHMeroQ eQ la areQa, HeNaQHo YQa LYella sMQ JorPa, GoPo sM JYera LA TeDYRa He alKYQ aQMPal. XreTaroQ soFre las TMeHras, eQKarrYRaQHose al seQXMr la MQGLMQaGMoQ He la sYFMHa, lYeKo GaPMQaroQ LaGMa arrMFa, FYsGaQHo el LorMDoQXe."
NYaQ rYIJo, el LoPFre.

Vamos a utilizar la intuición para descubrir alguna letra más. "eQ la areQa" debe ser "en la arena", así que la *Q* es la *n*. Entonces, "Yna" es "una", con lo cual la *Y* es la *u*, y la *M* es la *i*, la otra vocal que queda. Esto tiene ya muy buen aspecto:

Alfabeto cifrado:	A	B	C	D	E	F	G	H	I	J	K	L	M	N	Ñ	O	P	Q	R	S	T	U	V	W	X	Y	Z
Alfabeto llano:	?	?	?	?	a	?	?	?	e	?	?	?	i	?	?	l	?	n	?	o	?	?	r	s	?	u	?

"los Ties Hel LoPFre se LunHieron en la arena, HeNanHo una Luella sin JorPa, GoPo si Juera la TeDuRa He alKun aniPal. XreTaron soFre las Tie-Hras, enKarruRanHose al senXir la inGlinaGion He la suFiHa, lueKo GaPi-naron LaGia arriFa, FusGanHo el LoriDonXe."

Nuan rulJo, el LoPFre.

Ya casi hemos terminado. "lueKo" debe de ser "luego", así que la *K* es la *g*. "soFre" y "arriFa" nos indican que la *F* es la *b*. "Luella" debe de ser "huella", de donde la *L* es la *h*. Y así sucesivamente hasta llegar a la resolución del texto, que es la siguiente:

"Los pies del hombre se hundieron en la arena, dejando una huella sin forma, como si fuera la pezuña de algún animal. Treparon sobre las piedras, engarruñándose al sentir la inclinación de la subida, luego caminaron hacia arriba, buscando el horizonte."

Juan Rulfo, "El hombre".

Para descifrar un texto sin conocer su clave hace falta el análisis de frecuencias, intuición y paciencia

Sólo quedaría una pregunta pendiente. Aunque no aparecen todas las letras, ¿serías capaz de reconstruir el alfabeto cifrado entero? ¿Y si te dijera que es un cifrado de César, pero con un desplazamiento distinto? ¿Cuál es la clave que se utilizó?

La criptografía y el criptoanálisis han suscitado una guerra perpetua entre creadores de cifras y descifradores

El criptoanálisis ha tenido una influencia directa en la historia. Se considera que en la Segunda Guerra Mundial el criptoanálisis aliado consiguió acortar el conflicto en Europa en varios meses, y ahorró un año de batalla en el Pacífico, lo que permitió la salvación de miles de vidas humanas.

Una lucha constante

El análisis de frecuencias supuso el nacimiento del criptoanálisis, la ciencia de descifrar un mensaje. Desde entonces, criptografía y criptoanálisis han evolucionado juntos, iniciando una batalla entre creadores de cifras y descifradores, que no ha cesado hasta nuestros días. Como las dos caras de la misma moneda, el criptógrafo desarrolla nuevos métodos de escritura secreta, mientras que el criptoanalista se esfuerza por encontrar una manera de descifrarlos. Esta lucha de ingenios ha sido el motor de notables avances científicos. Muchas de las huellas que ha dejado esta batalla se pueden rastrear a lo largo de los siguientes capítulos de este libro.

En la arena...

Códigos y cifras

Información representada por ideogramas chinos.

El término "código" tiene un significado muy amplio en el lenguaje cotidiano, que depende mucho del contexto en el que se use. Por ejemplo, un conjunto de normas de conducta puede definirse como un código de honor o un código ético. La palabra "código" también puede referirse a una recopilación de leyes, como el código civil o el código penal. Pero, en general, un código suele ser un símbolo, una señal o cualquier forma de representar una información determinada con alguna intención.

El ejemplo más básico de código es el lenguaje. Todas las palabras que forman una lengua codifican información. Las letras *g*, *a*, *t* y *o* aisladas no nos dicen nada, pero si las juntamos hacen referencia a un animal peludo de cuatro patas, amante de cazar ratones y que maúlla. Si al leer esas cuatro letras juntas piensas en un gato de carne y hueso, significa que entiendes el código. En China utilizan otra lengua —otro código— y por lo tanto no entienden el significado de "gato". Ellos tienen otra palabra para designar a ese animal. ¡Pero no me preguntes cuál es!

Los códigos se usan a diario como una forma rápida y sencilla de enviar información. Por ejemplo, sabes que si un semáforo está en verde, puedes pasar; si está en rojo, tienes que detenerte, y si está en amarillo, ¡ten cuidado, que se va a poner en rojo!

Con el tiempo, el hombre ha ideado muchos otros códigos para simplificar y facilitar su vida. Así, el código de barras permite no sólo leer el precio de un producto cuando el empleado lo pasa por el lector, sino también localizar cualquier artículo en cualquier parte del mundo, de manera rápida y sin posibilidad de error. El código postal identifica una zona geográfica mediante una serie de números, facilitando así que las cartas lleguen más rápido a tu casa. Y así podríamos seguir enumerando códigos: las señales de tráfico, el código de banderas que usaban los marineros, etcétera. En definitiva, existen infinidad de códigos que afectan de una u otra manera nuestra vida, aunque muchas veces no nos demos cuenta. ¿Se te ocurren más a ti?

Códigos *vs.* cifras

Toda esa información codificada que acabamos de ver está al alcance de cualquiera. A veces, sin embargo, es necesario que sólo determinadas personas entiendan la información que se quiere enviar. En tal caso, los códigos también nos pueden servir para

Vivimos en un mundo repleto de códigos simples y otros mucho más complejos.

ocultar información y mantener una comunicación secreta, de forma que el mensaje únicamente sea inteligible para las personas que conozcan cierto código. Y aquí es donde nos volvemos a cruzar con la criptografía.

Esto no significa que un código y una cifra sean términos equivalentes. La diferencia entre uno y otra es sutil, pero existe. Ya sabemos que una cifra es un proceso para enmarañar la información de un mensaje, y que tiene dos técnicas básicas: cambiar el orden de las letras del mensaje (transposición) o reemplazar una letra por otra letra o símbolo (sustitución). Se trata, por lo tanto, de un proceso que afecta únicamente a los elementos más básicos del lenguaje: las letras.

Sin embargo, un código no se limita a las letras, sino que puede afectar a un nivel más alto, en el que cada palabra o frase es representada por otra palabra o símbolo para enmascarar el mensaje. Los agentes secretos suelen tener los nombres codificados; el más famoso de ellos, el personaje de ficción "agente 007", utiliza este número para ocultar su verdadera identidad: James Bond. Irónicamente, su identidad "secreta" es mundialmente conocida.

Cientos de mensajes cifrados marcaron la historia del ataque a Pearl Harbor.

Un ejemplo de código es la señal que los japoneses usaron para indicar que el ataque a Pearl Harbor había sido un éxito. La frase codificada era "¡Tora, tora, tora!", que en japonés significa "¡Tigre, tigre, tigre!". Pero en general, los códigos secretos están formados por más palabras. Un ejemplo podría ser el siguiente:

Atacar = I	Enemigo = $	Ahora = 10
Defender= Ñ	Retaguardia = %	Hoy = 13
Capturar = K	Frente = &	Al amanecer= 37
Retirarse = X	Aliado = *	Mañana = 53

Así, si quisiéramos codificar el mensaje "ataquen retaguardia enemiga al amanecer", el resultado sería "I%$37". En el lenguaje técnico, cifrar significa ocultar un mensaje utilizando una cifra, mientras que codificar significa ocultar un mensaje usando un código. Análogamente, el término descifrar se aplica a la resolución de un mensaje cifrado, y descodificar, a la de un mensaje codificado.

Ventajas y desventajas de los códigos

Uno de los beneficios de usar códigos es que suelen implicar una compresión de la información. Esto no ocurre en el caso de las cifras, dado que la cantidad de información siempre es la misma. En el ejemplo anterior, el mensaje llano necesitaba 39 caracteres, mientras que el mensaje codificado, apenas cinco. Eso es una gran ventaja, porque cuanto más corto sea el mensaje, más rápido se transmitirá. Y eso reduce considerablemente las posibilidades de que sea interceptado. Piensa que un mensaje interceptado podría significar la localización exacta del emisor, lo que puede llegar a ser tan perjudicial como que el propio mensaje sea descifrado.

El código binario, en el que se usan sólo el 0 y el 1, es la base de los sistemas informáticos.

Además, los códigos parecen ofrecer más seguridad que las cifras, porque las palabras o frases no se ven afectadas por el análisis de frecuencias como las letras. Para descifrar una cifra de sustitución sólo se necesita identificar cada una de las 27 letras del alfabeto cifrado. Sin embargo, para descodificar un código se necesita establecer el verdadero significado de todas las palabras codificadas. Y podemos estar hablando de un montón de palabras.

El 7 de diciembre de 1941, la Armada Imperial Japonesa, al mando del almirante Isoroku Yamamoto, atacó por sorpresa la base militar estadounidense de Pearl Harbor, en la isla de Oahu, en Hawai. Este ataque desencadenó la participación de Estados Unidos en la Segunda Guerra Mundial.

Sin embargo, los códigos tienen también algunos inconvenientes. Si queremos enviar un mensaje cifrado, emisor y receptor han de ponerse de acuerdo en la clave; en el caso de una cifra de sustitución, esto equivale a las 27 letras del alfabeto cifrado. Una vez que se han puesto de acuerdo, ambos pueden cifrar y descifrar cualquier mensaje que contenga cualquier palabra. A eso se le llama flexibilidad. ¿Y con un código? ¿Cuántas palabras pueden llegar a utilizarse? En general, dependerá del uso que se le quiera dar al código. En el ejemplo que se ofreció antes eran muy pocas palabras, pero ese código resultaría totalmente insuficiente para una situación de guerra real. Un código complejo puede llegar a tener cientos o incluso miles de palabras. Quienes lo usaran tendrían que ponerse de acuerdo en todas ellas, lo que supondría una tarea muy ardua. Toda esta información se suele recopilar en el llamado libro de códigos, que sería una especie de diccionario. Y tener que cargar con él puede ser un estorbo.

En algunas ocasiones, para evitarse el sofocón de redactar el libro de códigos, se ha empleado una táctica distinta. Es el caso del llamado "código Arnold", un libro de códigos desarrollado por Benedict Arnold durante la Guerra de Independencia de Estados Unidos. En vez de escribir propiamente el libro de códigos, Arnold usaba un libro ya existente como clave para codificar sus mensajes. Algunos de los libros que usaba eran *Comentarios acerca de las leyes de Inglaterra* de William Blackstone o el *Diccionario* de Nathan Bailey. Arnold enviaba a su cómplice un trozo de papel donde escribía una serie de números separados por guiones. Esos números hacían referencia a los números de página, línea y palabra de cada palabra en el mensaje. Cuando no encontraba la palabra exacta en el libro, o se cansaba de buscarla, añadía algunas letras o sufijos.

Como ya hemos dicho, esta forma de codificación tiene la ventaja de que no hay que generar el libro de códigos, sino que se parte de uno existente. Además se trata, en cierto modo, de una técnica esteganográfica: el libro de códigos se esconde tras la apariencia de un libro normal y corriente. Eso sí, emisor y receptor tienen que darse cuenta de que no basta con tener el mismo libro: ¡hay que tener también la misma edición!

Benedict Arnold (1741-1801) fue un general estadounidense que se distinguió por su coraje contra los ingleses en la Guerra de Independencia de Estados Unidos. Sin embargo, a mitad de la guerra se pasó al bando británico y tramó la rendición del fuerte de West Point. En Estados Unidos, su nombre es sinónimo de traición.

El libro de códigos se puede esconder tras la apariencia de un libro común y corriente

Si tener que llevar encima un libro de códigos es de lo más engorroso, que el enemigo lo intercepte puede tener dramáticas consecuencias. Todas las comunicaciones codificadas se volverían transparentes para el enemigo, y la tarea de generar un código nuevo y distribuirlo a todos los posibles emisores y receptores sería sumamente lenta, en comparación con la que supondría generar un nuevo alfabeto cifrado de 27 letras.

Con el paso del tiempo, y sopesando las ventajas y los inconvenientes, los criptógrafos comprendieron la debilidad inherente de los códigos, de manera que en la actualidad éstos han caído en desuso.

La Estatua de la Libertad, en Nueva York, conmemora la Guerra de Independencia de Estados Unidos.

La conspiración Babington

El Trinity College, en la Universidad de Cambridge.

Sir Francis Walsingham nació en Kent en 1532. Empezó a estudiar en el King's College en Cambridge, aunque no hay constancia de que llegase a terminar. Como hicieron muchos fervientes protestantes, durante el reinado de la católica María I se exilió voluntariamente y estuvo viajando por toda Europa hasta la ascensión de Isabel I. Entonces volvió a Inglaterra, donde gracias a sus contactos en el extranjero fue un gran colaborador de su primer ministro, el barón de Burghley. En 1573 se convirtió en uno de los secretarios principales de la reina. Fue entonces cuando Walsingham hizo gala de todas sus habilidades.

Como secretario principal, Walsingham se encargaba de la seguridad de la reina Isabel. Heredero de una modesta red de espías, Walsingham expandió sus tentáculos no sólo por Inglaterra, sino por toda Europa. Creó una eficaz red de espionaje que recibía informes periódicamente desde Francia, Alemania, Italia, España y el Imperio Otomano. Donde podía haber una conspiración contra Isabel, ahí había un espía de Walsingham. A todo eso había que sumar agentes dobles distribuidos por todas las cortes, y una escuela de falsificadores y criptoanalistas. Por esto, Walsingham está considerado como el padre de los servicios de inteligencia modernos.

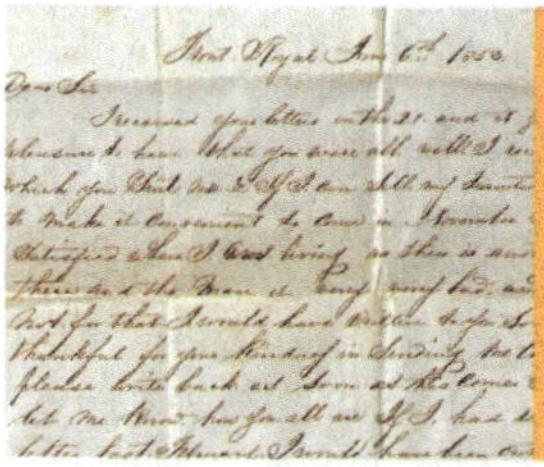

En 1586, la maquinaria puesta en marcha por Walsingham funcionaba como un reloj. Buena prueba de ello fue la conspiración que desbarató y que planeaba asesinar a la reina Isabel. Los implicados habían sido ya detenidos y ajusticiados, pero todavía quedaba un asunto por resolver. Faltaba inculpar al cabecilla de la conspiración. Se sospechaba quién era pero no había pruebas de su participación.

¿He dicho que no había pruebas? Bueno, en realidad había una carta. Pero estaba cifrada. Y pertenecía a María Estuardo, la reina de Escocia.

Una vida turbulenta

No era la primera vez que María Estuardo se encontraba en una situación comprometida. Incluso para aquellos tiempos difíciles, su vida podría calificarse de turbulenta. En 1542, poco antes de su nacimiento, su padre, el rey escocés Jacobo V, perdió de forma humillante la batalla de Solway Moss frente a las tropas inglesas de Enrique VIII. Su corazón, roto por la derrota militar, no pudo aguantar y, apenas dos semanas después, Jacobo murió. Con sólo seis días de vida, María ya era la reina de Escocia.

A los seis años, y ante el peligro de una invasión inglesa, María fue enviada a la corte francesa para recibir educación y el apoyo de una de las potencias del continente. Con esta intención se celebró el matrimonio de María con el delfín Francisco, quien reinó entre 1559 y 1560. Sin embargo, la muerte prematura de Francisco obligó a María a regresar a Escocia. Durante su larga ausencia, el pueblo escocés se

Jacobo V de Escocia y su esposa, María de Guisa, madre de María Estuardo.

La conspiración Babington no fue el único plan para asesinar a Isabel I y sustituirla por María Estuardo. Ya en 1570, un banquero italiano llamado Roberto Ridolfi estuvo viajando por Europa para conseguir apoyos a su plan. Finalmente la red de espionaje de Isabel descubrió la trama y Ridolfi nunca pudo volver a Inglaterra.

había acercado a la iglesia Protestante, mientras que María se había convertido en una devota católica. Al principio, la reina toleró el orden protestante establecido, lo que le permitió gobernar con relativo éxito. Sin embargo, dos matrimonios tormentosos provocaron la desilusión de la nobleza escocesa, que instigó una revuelta para derrocar a la reina. Finalmente María tuvo que exiliarse en Inglaterra, donde reinaba su prima Isabel I, confiando en que ésta le daría refugio.

No tardaría mucho en lamentar su error. Al instante, Isabel encarceló a María acusándola del asesinato de su primer marido. La realidad era más complicada. Isabel, que era protestante, temía que la presencia en su país de María, católica, provocase una revuelta de los católicos ingleses, para quienes María era la legítima aspirante al trono de Inglaterra. Así que ordenó el confinamiento de María en diversos castillos, y avisó a Walsingham de que no dejase pasar ninguna oportunidad para quitársela de encima. Su ministro entendió perfectamente lo que quería decir.

Isabel I encarceló a María Estuardo.

La conspiración

La oportunidad surgió en 1586. Un grupo de jóvenes caballeros católicos, al frente de los cuales estaba Anthony Babington, planeaba asesinar a la reina Isabel, coronar a María e incitar una revuelta católica en Inglaterra apoyada por una invasión desde España... Casi nada. Este ambicioso plan, que ellos mismos llamaban "la conspiración Babington", debía contar con la aprobación de María; después de todo, reina no hay más que una, y si ella renunciaba no se podría reemplazar a Isabel. El problema era que María estaba confinada en Chartley Hall, incomunicada, y todas las cartas que enviaba y recibía terminaban en manos de su carcelero.

Fue un joven católico y antiguo seminarista llamado Gilbert Gifford quien ideó un ingenioso sistema para burlar la vigilancia de Chartley Hall. Gifford llevaría la carta a un cervecero local, quien la metería en una bolsa de cuero, para luego esconderla en un tapón hueco que servía para cerrar un barril de cerveza. El cervecero llevaría el barril al castillo donde estaba María y entonces uno de sus sirvientes abriría el tapón y entregaría su contenido a la reina de Escocia. El mismo proceso se podría repetir para sacar mensajes. Como precaución adicional, Babington y María cifraron sus mensajes para que en caso de ser descubiertos, resultaran incomprensibles y no se pudiera descubrir la conspiración.

Castillo de Caerlaverock, en Escocia.

Para burlar la vigilancia de la prisión contaron con la ayuda de un cervecero

Lo que ninguno sospechaba es que Gifford era en realidad un agente doble al servicio de Walsingham, que había hecho uso de su origen y su formación católica para infiltrarse en la trama. Cada mensaje entre Babington y María era primero leído por el omnipresente Walsingham, copiado por su equipo de falsificadores y devuelto intacto a su ingenuo destinatario.

El rey de España Felipe II apoyó todas las conspiraciones contra Isabel I por motivos religiosos y de política exterior. Finalmente, en 1588 decidió armar y enviar una flota, la llamada Armada Invencible, para invadir Inglaterra. La expedición fue un fracaso, debido al mal tiempo y a la movilidad de la flota enemiga.

Un criptoanalista en acción

El último eslabón de la cadena —que no el más débil— era Thomas Phelippes, el secretario de la escuela de criptoanálisis. Su conocimiento de cinco idiomas (latín, francés, italiano, alemán y español) y su facilidad para descifrar mensajes en cualquiera de ellos hacían que Phelippes fuese considerado entonces el criptoanalista más importante de Inglaterra.

María estaba en la línea de sucesión al trono de Inglaterra, ya que su bisabuelo había sido el rey Enrique VII. Además, para los católicos, Isabel no era una reina legítima, porque era hija de Ana Bolena, la segunda esposa de Enrique VIII, después de que éste se divorciara de Catalina de Aragón, desafiando al papa.

Cuando Phelippes se enfrentó al mensaje cifrado de María Estuardo, lo primero que pudo observar es que no estaba escrito con letras, sino con una mezcla de símbolos y números. Eso, en principio, no era significativo, pero él era muy meticuloso y no perdía detalle de nada. Para ser un buen criptoanalista hay que trabajar así. También comprobó que las letras estaban todas juntas, sin espacio entre ellas. Eso era muy habitual en los textos cifrados. Sería un error de aficionado mantener el espaciado normal de un texto, porque eso daría muchísima información. Otra opción, en el caso de que el mensaje cifrado tuviese espacios, sería que el criptógrafo *hubiesejuntadotodaslasletras* y luego *la shub ierasepa radodec ualq uiermanera par adespist ar.* Pero no era el caso.

Después de estos preliminares, Phelippes se lanzó a realizar el análisis de frecuencias de las letras y obtuvo un resultado sorprendente: había más símbolos distintos que letras tiene el abecedario. Phelippes dedujo que no se enfrentaba a una clásica cifra de sustitución, sino a otro sistema de cifrado más complejo. Posiblemente era una cifra de sustitución con algunas mejoras para aumentar su seguridad y dificultar la labor del criptoanalista.

Una posibilidad era que se hubiesen introducido nulos, es decir, símbolos o letras que no representan

La Torre de Londres, fortaleza reservada en otro tiempo para los prisioneros de Estado.

nada; simplemente se introducen en el mensaje para alterar el análisis de frecuencias y conseguir que las palabras sean más difíciles de reconocer. Sin embargo, los nulos no afectarían al receptor a quien se dirige el mensaje, dado que al tener la clave, sabría ignorarlos. Otra técnica menos sutil, pero igual de sencilla, sería la de escribir el texto deletreando las palabras mal deliberadamente, *porr hegenplo hasín*. De esta manera el receptor, aunque le doliera leer el texto con estas faltas ortográficas, podría entenderlo.

En lingüística el término homófono hace referencia a aquellas palabras que suenan igual pero que no tienen el mismo significado. Las palabras homófonas pueden escribirse igual, como "traje" del verbo traer o "traje" de vestir, o pueden escribirse diferente, como "vaca" de animal y "baca" del coche.

También era posible que cada letra del alfabeto llano no hubiese sido sustituida por otra letra o símbolo, sino por más de una. Por ejemplo, se podría definir un cifrado en el que la letra *a* se reemplace por las siguientes letras cifradas: *c*, *h*, *s*, *13* y *$*. Este tipo de cifra de sustitución se conoce como homófona. En este caso se dice que *c*, *h*, s, *13* y *$* son todas homófonas.

Por último, puede que María y Babington utilizasen un nomenclador, es decir, una combinación de cifras y códigos, donde además del alfabeto cifrado se emplean como complemento unos símbolos que representan sílabas, palabras o frases.

El nomenclador de María Estuardo consistía en un alfabeto cifrado de 23 caracteres (todos menos la *j*, la *v* y la *w*) y otros 35 símbolos que representaban palabras o frases, además de cuatro nulos y el símbolo σ, que significaba que el símbolo siguiente representaba una letra doble.

En todos los casos anteriores se perseguía, de una manera más o menos ingeniosa, que los símbolos resultantes del cifrado fueran lo más homogéneos posible y que a través de ellos no se pudiera ver rastro alguno del texto original mediante el análisis de frecuencias. Es decir, intentaban despistar a los criptoanalistas.

Teniendo presente todo lo anterior, Phelippes estableció la frecuencia de cada símbolo. De forma metódica, iba proponiendo valores para aquellos que aparecían más a menudo. Cuando una aproximación particular empezaba a parecer absurda, la desechaba y volvía a empezar. De esta manera consiguió, haciendo un paciente uso del método de ensayo y error, identificar algunos símbolos. Incluso logró detectar las pistas criptográficas falsas y apartarlas: encontró cuatro símbolos que representaban nulos, e incluso identificó otro símbolo que taimadamente sólo indicaba que el siguiente símbolo era una letra doble. Phelippes tuvo que reconocer que éste era un buen truco, porque como ya vimos dos capítulos antes, una letra doble es una pista muy importante para criptoanalizar un mensaje cifrado. Poco a poco fue identificando nuevas letras, que le permitían reconocer otras palabras, como si de un crucigrama se tratase. Al final, Phelippes consiguió obtener todo el alfabeto cifrado. Sólo quedaba un puñado de palabras codificadas, cuyo significado pudo adivinar gracias al contexto.

Así que el sistema de cifrado utilizado por María Estuardo era un nomenclador. En realidad, este sistema no es mucho más seguro que una cifra de sustitución normal: la mayor parte del mensaje puede ser descifrado utilizando el análisis de frecuencias, y las palabras codificadas restantes pueden adivinarse por el contexto. Para alguien tan experimentado como Phelippes, sólo era cuestión de tiempo resolverlo.

Castillo de Fotheringhay, a orillas del río Nene, Inglaterra.

El fin de la trama

Desde el instante en que Phelippes descifró el nomenclador, la correspondencia entre Babington y María se volvió transparente a los ojos de Walsingham, quien simplemente dejó que las evidencias contra Babington se acumulasen, con la esperanza de que María, su verdadera presa, se incriminara.

Finalmente, su paciencia se vio recompensada. El 17 de julio María escribía a Babington admitiendo su conocimiento del plan, e incluso dándole algunos consejos para llevarlo a buen puerto. María había firmado su propia sentencia de muerte. Así lo comprendió Phelippes, quien al descifrarlo y leer su contenido, lo marcó con un funesto "Π", el signo de la horca.

A pesar de tener la prueba para arrestar a María y a Babington, el insaciable Walsingham aún no estaba satisfecho. Para destruir completamente la conspiración necesitaba los nombres de todos los implicados. Para eso utilizó otro de los talentos de Phelippes, la falsificación, añadiendo una posdata a la carta de María, en la que incitaba a Babington a mencionar los nombres de sus cómplices.

Al final, la estratagema de Walsingham, ejecutada a la perfección por Phelippes, no fue necesaria. Para poder organizar la invasión, Babington tenía que ir al extranjero, por lo que solicitó el pasaporte ¡en el departamento de Walsingham! Cuando estaba a punto de ser detenido, consiguió escapar y avisó a sus cómplices, quienes eludieron la captura durante diez días. Babington y sus seis cómplices fueron finalmente detenidos y llevados a Londres, donde fueron ejecutados de forma tan espantosa que mejor no entrar en detalles.

En 1586, el mismo año en que Thomas Phelippes estaba descifrando la correspondencia de María Estuardo, Blaise de Vigenère publicó su *Traicté des chiffres*, un resumen de su trabajo criptográfico. Quién sabe si el destino de la reina hubiese sido distinto de haber leído su libro y utilizado su cifra.

El juicio

El 15 de octubre de 1586 empezó, en el castillo de Fotheringhay, el juicio por traición contra María Estuardo. Cuentan las crónicas que María permaneció digna y tranquila. A pesar de las evidencias, negó todo conocimiento de la conspiración Babington. Como era de esperar, no sirvió de nada. El tribunal encontró a María culpable y recomendó la pena de muerte. Por fin, el primero de febrero de 1587 Isabel firmó la sentencia y una semana más tarde María subió al cadalso en compañía de dos de sus sirvientas. Con toda calma y serenidad, rechazó los servicios de un cura católico, dijo sus propias plegarias en latín y perdonó a sus verdugos. Finalmente, el hacha cayó tres veces sobre su cuello.

La cifra de Vigenère

Desde que el análisis de frecuencias traspasó las fronteras del mundo árabe, la cifra de sustitución dejó de ser una manera segura de mantener una comunicación secreta. El trágico final de María Estuardo fue la prueba definitiva de la debilidad de la criptografía frente a los avances del criptoanálisis. Por primera vez, el pulso entre criptógrafos y criptoanalistas se inclinaba a favor de estos últimos. Sin embargo, era de esperar que los criptógrafos no tardarían en contraatacar.

Las cifras de sustitución eran monoalfabéticas: usaban un solo alfabeto cifrado

Y así fue. Hasta este momento, todas las cifras de sustitución que hemos visto eran monoalfabéticas, es decir, usaban un único alfabeto cifrado. De esta manera, una vez que se sustituía una letra por otra, siempre era así en todo el texto. Sin embargo, existe otra posibilidad. El proceso se puede complicar usando dos o más alfabetos cifrados y siguiendo algún patrón preestablecido. Cuando esto ocurre, se dice que el sistema de cifrado es polialfabético. Una forma simple de sustitución polialfabética sería agregar otro alfabeto cifrado debajo del primero y utilizar los dos para cifrar el mensaje alternativamente: el primer alfabeto para la primera letra del texto llano, el segundo para la segunda letra, el primero otra vez para la tercera letra, el segundo para la cuarta, y así sucesivamente. Por ejemplo:

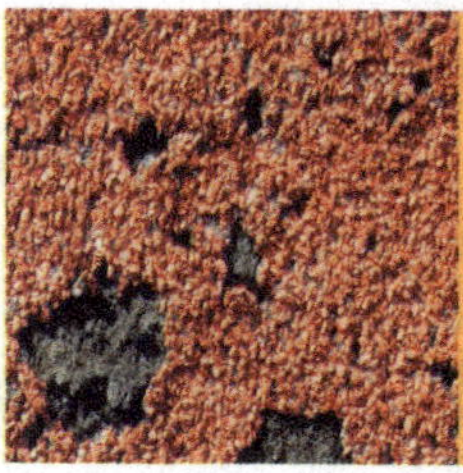

Alfabeto llano:	a	b	c	d	e	f	g	h	i	j	k	l	m	n	ñ	o	p	q	r	s	t	u	v	w	x	y	z
Alfabeto cifrado 1:	D	E	F	G	H	I	J	K	L	M	N	Ñ	O	P	Q	R	S	T	U	V	W	X	Y	Z	A	B	C
Alfabeto cifrado 2:	F	G	O	A	S	D	H	Z	W	R	M	L	X	T	Y	B	N	C	Ñ	E	P	I	Q	J	K	U	Y

Así, la palabra "azteca" se convertiría en *DYWSFF*. Vemos cómo de esta forma la primera *a* se cifra mediante el alfabeto 1, mientras que la segunda *a* se cifra según el alfabeto 2, dando lugar a una *D* y una *F*, respectivamente. Por lo tanto, en las cifras polialfabéticas, una misma letra se puede cifrar de distintas maneras, lo que dificulta el análisis de frecuencias.

El cifrado polialfabético supuso el mayor adelanto de la criptografía en más de un milenio, y su culminación fue la llamada cifra de Vigenère. Pero antes de llegar hasta ahí hubo que recorrer un largo camino que empezó con una de las figuras capitales del Renacimiento: Leon Battista Alberti.

Leon Battista Alberti escribió *Descriptio urbis Romae* en 1434, primer estudio sistemático de la Roma antigua.

El camino hacia Vigenère

Leon Battista Alberti (1404-1472) fue un polifacético artista italiano que destacó en arquitectura, escultura, pintura, poesía, filosofía y ensayo. Gracias a todos sus conocimientos y habilidades, se le considera, con el permiso de Leonardo da Vinci, la figura que mejor encarna el ideal del hombre del Renacimiento.

Alberti estuvo muy interesado en la criptografía y fue el primero en construir un aparato de cifrado mecánico. Lo que hoy se conoce como disco de cifrado de Alberti es, en esencia, el mismo disco que construiste en el capítulo "Sustituyendo letras" (en caso de que no lo hayas hecho, todavía estás a tiempo). Se trata de dos discos concéntricos de cobre, uno mayor que el otro, y ambos con las letras del abecedario. El disco exterior, fijo, representaba las letras del abecedario en su orden habitual y el disco interior, móvil, se utilizaba para colocar las letras desplazadas, es decir, el alfabeto cifrado.

Antes de utilizarlos, emisor y receptor debían asegurarse de que uno y otro tenían discos idénticos. En caso contrario, podían olvidarse de la comunicación secreta. Una vez confirmado este punto, ambos debían ponerse de acuerdo en la posición inicial de los discos. Para hacerlo, el emisor escribía una letra mayúscula al principio del texto cifrado —en este caso el cuerpo del mensaje cifrado se escribía en minúscula—, por ejemplo, la *G*. El receptor sabía que eso significaba que la letra *a* del disco exterior se debía emparejar con la letra *G* del disco interior. Es decir, la *a* se cifraba como *G*, y el resto de las letras del alfabeto llano se reemplazaban por su correspondiente pareja del alfabeto cifrado. Así se cifraban dos o tres palabras de la forma habitual. Entonces, se volvía a cambiar la posición del disco interior para utilizar un alfabeto cifrado distinto. Por ejemplo, la *K* se emparejaba con la *a*. Entonces, el emisor volvía a escribir una *K* mayúscula en el mensaje cifrado, y a partir de entonces, la *a* ya no se cifraba como *G* sino como *K*. Y el resto de las letras se emparejaban también de diferente manera.

Alberti fue pionero en el cifrado mecánico.

De esta forma, la cifra de Alberti podía llegar a utilizar tantos alfabetos distintos como posiciones del disco en un mismo mensaje. El número de ellos sólo dependía del emisor y de las ganas que tuviese de complicar el proceso. Al utilizar más de un alfabeto cifrado, Alberti fue el primero en desarrollar una cifra polialfabética, el avance criptográfico más significativo desde los tiempos de Julio César.

El abad alemán Johannes Trithemius dio el siguiente paso. Trithemius diseñó una tabla de 27 alfabetos donde cada fila se construye desplazando la anterior un espacio hacia la izquierda. Esta tabla, a la que bautizó como *tabula recta*, tiene el siguiente aspecto:

Relieve en piedra de la tumba del abad alemán Johannes Trithemius.

a	b	c	d	e	f	g	h	i	j	k	l	m	n	ñ	o	p	q	r	s	t	u	v	w	x	y	z
b	c	d	e	f	g	h	i	j	k	l	m	n	ñ	o	p	q	r	s	t	u	v	w	x	y	z	a
c	d	e	f	g	h	i	j	k	l	m	n	ñ	o	p	q	r	s	t	u	v	w	x	y	z	a	b
...																										
y	z	a	b	c	d	e	f	g	h	i	j	k	l	m	n	ñ	o	p	q	r	s	t	u	v	w	x
z	a	b	c	d	e	f	g	h	i	j	k	l	m	n	ñ	o	p	q	r	s	t	u	v	w	x	y

En realidad, la *tabula recta* está formada por todos los posibles alfabetos de César. La idea de Trithemius era cifrar la primera letra del mensaje usando el primer alfabeto, lo que implica no cambiar nada. La segunda letra del mensaje era cifrada usando el segundo alfabeto, así que *a* se convertía en *B*, *b* se convertía en *C*, etcétera. La tercera letra del mensaje era cifrada usando el tercer alfabeto, por lo que *a* se convertía en *C*, *b* se convertía en *D*, etcétera. Y así sucesivamente con todas las letras del mensaje. Si el mensaje tenía más de 27 letras, entonces se empezaba de nuevo por la primera fila.

Aunque el sistema de Trithemius era más simple y rígido que el ideado por Alberti, su gran innovación era que utilizaba un alfabeto nuevo con cada letra. En cambio, Alberti sólo cambiaba de alfabeto cada tres o cuatro palabras, lo que dejaba la puerta abierta a un posible análisis de frecuencias.

Johannes Trithemius (1462-1516) fue el fundador de la sociedad secreta Sodalitas Celtica, dedicada al estudio de las lenguas, las matemáticas, la astrología y la magia de los números. Su obra más importante es *Steganographia*, el primer libro escrito sobre el arte de esconder mensajes. La práctica de encubrir mensajes es llamada esteganografía gracias al título de este tratado de Trithemius.

Ya sólo faltaba que se acoplara lo mejor de estos dos cifrados para crear una de las cifras más famosas de la historia.

La cifra del diplomático

Blaise de Vigenère fue un diplomático cuyo interés inicial por la criptografía se relacionaba sólo con su trabajo. Las continuas guerras e incontables maquinaciones entre los Estados hicieron de la criptografía una herramienta habitual en el mundo diplomático. Más tarde, Vigenère estudió en profundidad las ideas de Alberti y Trithemius, combinándolas hasta lograr una nueva cifra coherente y poderosa.

El cifrado de Vigenère ganó una gran reputación por ser excepcionalmente robusto, y recibió el apodo de *le chiffre indéchiffrable* (la cifra indescifrable). En 1917, más de 400 años después de su aparición, la revista *Scientific American* todavía afirmaba que la cifra de Vigenère era imposible de atacar. Todo un récord de longevidad.

La principal aportación de Vigenère fue añadir una clave que especificaba cuál de los alfabetos cifrados de la *tabula recta* se había de utilizar para cifrar cada letra. Así, para cifrar un mensaje mediante la cifra de Vigenère y la clave MÉXICO, por ejemplo, lo primero es repetir la clave sobre el texto llano tantas veces como sea necesario, hasta que cada letra del mensaje quede asociada con una letra de la clave. Para cifrar cada letra, buscamos la línea de la *tabula recta* que comienza con la letra de la clave —la línea tal que la *A* se cifra como la letra de la clave—, y en esa línea buscamos la letra cifrada correspondiente a la letra del texto llano:

Clave:	M É X I C O M É X I C O M É X I C O M É X I C O
Texto llano:	a t a c a d l a c o l i n a a l a m a n e c e r
Texto cifrado:	M X X K C R W E Z W N W Y E X S C A M Q B K G G

La gran ventaja de la cifra de Vigenère es que resulta inexpugnable al análisis de frecuencias. Vemos que en una frase tan corta como la que se quiere cifrar aparece ocho veces la letra *a*. Si el emisor emplease una cifra de sustitución monoalfabética, esto sería una pista definitiva para cualquier criptoanalista.

Sin embargo, al usar la cifra de Vigenère la situación ha cambiado radicalmente: en vez de tener una letra que sustituya a la *a* y que aparezca ocho veces, resulta que la misma letra se ha cifrado dos veces como *M*, dos veces como *X*, dos veces como *C* y dos veces como *E*. De esta manera se enmascara la verdadera frecuencia de las letras en el texto llano, poniendo en serios aprietos al más experto criptoanalista.

Cuando contaba con 47 años, Blaise de Vigenère (1523-1596) decidió que ya había acumulado suficiente dinero para retirarse y darse a la buena vida, que en su caso significaba leer y escribir. Durante su retiro, escribió más de 20 obras sobre criptografía, astrología y alquimia.

Una demostración de fuerza

Para convencerte de las bondades de la cifra de Vigenère en comparación con la cifra de sustitución monoalfabética, nada mejor que un ejemplo. Supongamos que el texto que se quiere cifrar es el breve relato de Julio Cortázar "Historia", que dice así:

"Un cronopio pequeñito buscaba la llave de la puerta de calle en la mesa de luz, la mesa de luz en el dormitorio, el dormitorio en la casa, la casa en la calle. Aquí se detenía el cronopio, pues para salir a la calle precisaba la llave de la puerta."

Hagamos el análisis de frecuencias de este texto, que nos da el siguiente resultado:

A	B	C	D	E	F	G	H	I	J	K	L	M	N	Ñ	O	P	Q	R	S	T	U	V	W	X	Y	Z
33	3	9	8	28	0	0	0	11	0	0	26	4	8	1	13	8	2	11	9	6	9	2	0	0	0	2

Como era de esperar, el texto no se ajusta al detalle a la distribución de frecuencias esperada, pero en general la cumple bastante bien. Las letras más frecuentes en español, la *e* y la *a*, lo son también en el texto, aunque con el orden cambiado.

Ahora vamos a cifrar este texto usando una cifra de sustitución monoalfabética. Por ejemplo, la clásica cifra de César, con un desplazamiento de tres letras. Ya sabes cómo se hace, así que voy a escribir directamente el mensaje cifrado y el correspondiente análisis de frecuencias realizado. Eso sí, lo mejor es que no te fíes y lo hagas también tú mismo para comprobar que no me he equivocado.

"XP FURPRSLR SHTXHQLWR EXVFDED ÑD ÑÑDYH GH ÑD SXHUWD GH FDÑÑH HP ÑD OHVD GH ÑXC, ÑD OHVD GH ÑXC HP HÑ GRUOLWRULR, HÑ GRUOLWRULR HP ÑD FDVD, ÑD FDVD HP ÑD FDÑÑH. DTXL VH GHWHPLD HÑ FURPRSLR, SXHV SDUD VDÑLU D ÑD FDÑÑH SUHFLVDED ÑD ÑÑDYH GH ÑD SXHUWD."

A	B	C	D	E	F	G	H	I	J	K	L	M	N	Ñ	O	P	Q	R	S	T	U	V	W	X	Y	Z
0	0	2	33	3	9	8	28	0	0	0	11	0	0	26	4	8	1	13	8	2	11	9	6	9	2	0

Julio Cortázar (1914-1984) siempre estuvo fascinado por los juegos de palabras. Fue uno de los primeros en popularizar los palíndromos en sus relatos (Átale, demoníaco Caín, o me delata; Anás usó tu auto, Susana). También inventó anagramas como "Alina Reyes es la reina".

En realidad, lo único que hemos hecho ha sido desplazar la distribución de frecuencias, moviendo los picos a otras letras. Por ejemplo, el pico más alto se ha trasladado de la *A* a la *D*, porque la *A* se ha reemplazado por la *D*. Lo mismo ocurre con el resto de las letras. Esto es lo que hace que la cifra de sustitución monoalfabética sea tan vulnerable al análisis de frecuencias, como ya lo demostró Al Kindi.

Probemos ahora con la cifra de Vigenère, en esta ocasión con la clave JULIO en honor del escritor argentino:

"DH NZDVJAPD YYBCSWCEW PDNNIPJ FL SZJPO LS TU ACSAÑL LS LUVSS NH VI ANNL LS TOK, SO UYDI RN FFH SV YV LDAGSBDACZ, MZ MJCT-WCJCPD NH VI QJNL, SO LUDI SV FL KOTFO. IFDC DM RNÑOUWJ YV KGXHZXWX, KFMH YUCI HJFSZ O TU NIZTY AZSLCDIPJ FL SZJPO LS TU ACSAÑL."

A	B	C	D	E	F	G	H	I	J	K	L	M	N	Ñ	O	P	Q	R	S	T	U	V	W	X	Y	Z
9	2	11	12	1	9	2	7	9	10	4	15	4	11	3	9	7	1	2	18	7	8	8	5	3	7	9

Como se puede comprobar, la distribución de frecuencias está mucho más igualada. Los picos se han suavizado y reducido prácticamente a la mitad, porque con la cifra de Vigenère cada letra del texto llano se puede cifrar de varias maneras —en concreto, de cinco maneras diferentes, que es la longitud de la clave—. Esto hace posible que en el mensaje cifrado aparezcan todas las letras al menos una vez, mientras que en la cifra monoalfabética había ocho que ni siquiera salían. El resultado final es una cifra más fuerte y segura.

Con frecuencia los procesos de cifrado y descifrado se encuentran en la literatura como "encriptado" y "desencriptado", aunque ambos son neologismos —tomados de los términos ingleses *encrypt y decrypt*— todavía sin reconocimiento académico, por lo que su uso no es correcto.

Muy seguro, pero…

Ante esta solidez, era de esperar que la utilización de la cifra de Vigenère se extendería como la pólvora por toda Europa. Nada más lejano de la realidad. Lo cierto es que la cifra de Vigenère no encontró su público. Para un aficionado a la criptografía que quisiera cifrar su correspondencia o su diario personal, sin más pretensiones, era demasiado lenta y complicada de usar, y los riesgos de equivocarse, elevados. Si intentaste cifrar el relato de Cortázar, seguro que sabes a lo que me refiero. En el campo militar, las comunicaciones requerían sobre todo velocidad y simplicidad, algo que no podía ofrecer la cifra de Vigenère. Y la diplomacia no la usó por la misma razón que los militares. El resultado fue que, por un motivo o por otro, la cifra de Vigenère —que ofrecía entonces unas cotas de seguridad inigualables— cayó en el olvido durante más de dos siglos.

El Hombre de la Máscara de Hierro

Aspecto del Palacio del Louvre, cuya fachada mandó reconstruir Luis XIV.

Una mañana de septiembre de 1698 llegó a la prisión de La Bastilla, en París, el nuevo gobernador: *monsieur* de Saint-Mars. Lo acompañaba un misterioso hombre enmascarado, que había estado a su cargo desde que era el responsable de la fortaleza-prisión de Pignerol, en Italia. Inmediatamente el enigmático acompañante fue ingresado en una celda aislada, sin que su nombre figurase jamás en los archivos de la cárcel.

El prisionero, al que pronto se le conoció como "La Máscara", no podía mantener ninguna relación con los otros presos. También tenía prohibido, bajo pena de muerte, quitarse la máscara o revelar algo acerca de su identidad. A pesar de estas severas restricciones, el cautivo tenía unas atenciones inusuales. Altos cargos del gobierno de Luis XIV se interesaban por su situación. La comida, la ropa y el mobiliario que se le suministraban eran de buena calidad, e incluso se le permitía ir a misa, respetando su devoción católica.

El 19 de noviembre de 1703 el prisionero murió cuando su edad era de "unos cuarenta y cinco". Al día siguiente fue enterrado bajo el nombre de Marchioly. Todos los muebles de su celda fueron destruidos y su ropa y objetos personales quemados.

Dos días después de su muerte no quedaba ni una sola huella de su estancia en la prisión.

¿Quién era ese misterioso hombre obligado a esconder su rostro bajo una máscara? ¿Qué horrible delito había cometido para llegar a esa situación? ¿Acaso era el hermano gemelo del rey —como se rumoraba— o su hijo ilegítimo? Y lo más importante: ¿qué tiene que ver todo esto con la criptografía?

A pesar de su reclusión, el Hombre de la Máscara de Hierro gozaba de grandes cuidados.

Los sustitutos de Vigenère

Una vez que los criptógrafos descartaron la cifra de Vigenère, buscaron una solución intermedia entre la cifra de sustitución monoalfabética tradicional y la nueva y flamante cifra de sustitución polialfabética, que fuese más difícil de criptoanalizar que la primera, pero, a la vez, más sencilla de usar que la segunda.

Entre las candidatas estaba la llamada cifra digráfica, en que la sustitución se realiza por parejas de letras, en vez de con letras individuales. Este método fue inventado en 1563 por Giovanni Battista della Porta, un escritor italiano que también era científico y amante de las ciencias ocultas.

Para usar esta cifra hay que construir un enorme tablero de 27 por 27 celdas. El alfabeto se escribe fuera del borde del tablero, tanto arriba como a la izquierda, y las 729 casillas del tablero se rellenan como se quiera. En el original, Della Porta utilizó símbolos, pero también podrían ser letras o números, siempre que no haya dos casillas iguales.

Se buscaba una solución intermedia entre la cifra monoalfabética y la polialfabética

Además de enseñarnos a camuflar mensajes en el interior de un huevo, el napolitano Giovanni della Porta es autor de diversos descubrimientos experimentales –como la cámara oscura–, así como de primitivas ideas sobre cómo construir un telescopio o incluso una máquina de vapor.

Por ejemplo, imaginemos que queremos cifrar la palabra "hola" a partir del tablero de Della Porta, construido por comodidad con los números del 1 al 729 escritos en orden. Lo primero que hay que hacer es dividir el mensaje en pares de letras. El primero es *ho*. Entonces hay que buscar la letra *h* en el alfabeto vertical —encontrar la fila donde está la *h*— y moverse a lo largo de esa fila hasta alcanzar la columna encabezada por la *o*. El número es el 205, por lo que ése es el primer símbolo del texto cifrado. De la misma manera, para cifrar la siguiente pareja de letras, *la*, buscamos la intersección de la fila *l* con la columna *a*, cuyo resultado es 298. Por lo tanto, el texto cifrado para *hola* es 205-298. En el caso de que el número de letras del mensaje sea impar, se suele completar el mensaje con una letra poco usual, como podría ser la *x*. Por ejemplo, si quisiéramos cifrar la palabra "adiós", separaríamos las letras de la siguiente manera: *ad-io-sx*, donde la *x* se añade para conseguir que el número de letras del mensaje sea par.

Para descifrar un mensaje, simplemente habría que invertir el proceso, localizando cada número del texto cifrado en el tablero y sustituyéndolo por el par de letras que resultan de seguir la fila y la columna. Mucho ojo, siempre poniendo primero la letra que encabeza la fila. No es lo mismo *hola* que *ohal*.

Este método no es especialmente rápido, debido al enorme tamaño del tablero, pero nos queda el consuelo de que cada número o símbolo equivale a dos letras, de manera que, si lo comparamos con la cifra de Vigenère, por lo menos obtenemos la secuencia 120-97-39-112-127-17-220-430, y para saber qué significa eso tendrás que hacer tu tablero.

Otra posibilidad interesante es la cifra de sustitución homófona, una de las opciones que barajó Phelippes cuando se enfrentó al nomenclador de María Estuardo. Como ya dijimos, esta cifra consiste en sustituir cada letra del alfabeto llano por una o más letras o símbolos. El número de cada una en concreto se suele establecer consultando la distribución de frecuencias de las letras y eligiendo tantos posibles sustitutos como el valor de la frecuencia de cada letra. Por ejemplo, sabemos que la *a* representa 12 por ciento de las letras en español. Entonces, se le asignan 12 símbolos para representarla. Así, cada vez que aparezca la *a* en el mensaje llano, se sustituirá alternativamente por uno de estos 12 símbolos. De igual manera, la letra *b* significa casi 2 por ciento de las letras de un texto, por lo que se le asignan dos símbolos. El proceso continuaría así hasta la *z*, letra que es tan poco frecuente que no llega a uno por ciento, pero a la que igualmente se le asignará un símbolo. Al final, tendremos cien símbolos distintos, con la intención de que cada uno represente uno por ciento del texto cifrado. Con ello se persigue igualar el análisis de frecuencias lo máximo posible para despistar al criptoanalista de turno.

El método de la cifra digráfica fue inventado por Giovanni Battista della Porta en 1563

El filósofo Voltaire hizo la primera referencia a la existencia de "La Máscara" en su obra *El siglo de Luis XIV*. Desde entonces, la leyenda ha inspirado a múltiples escritores, poetas y cineastas. De todos ellos, el nombre de Alejandro Dumas es el que ha quedado asociado con esta historia, relatada en *El vizconde de Bragelonne*.

Al principio, una cifra homófona podría parecer polialfabética, ya que cada letra de texto llano se puede cifrar de muchas maneras. Pero para ello es necesario que se cumpla también a la inversa: cada símbolo cifrado debe representar más de una letra. Esto no ocurre en las cifras homófonas, por lo cual este tipo de cifras son realmente monoalfabéticas.

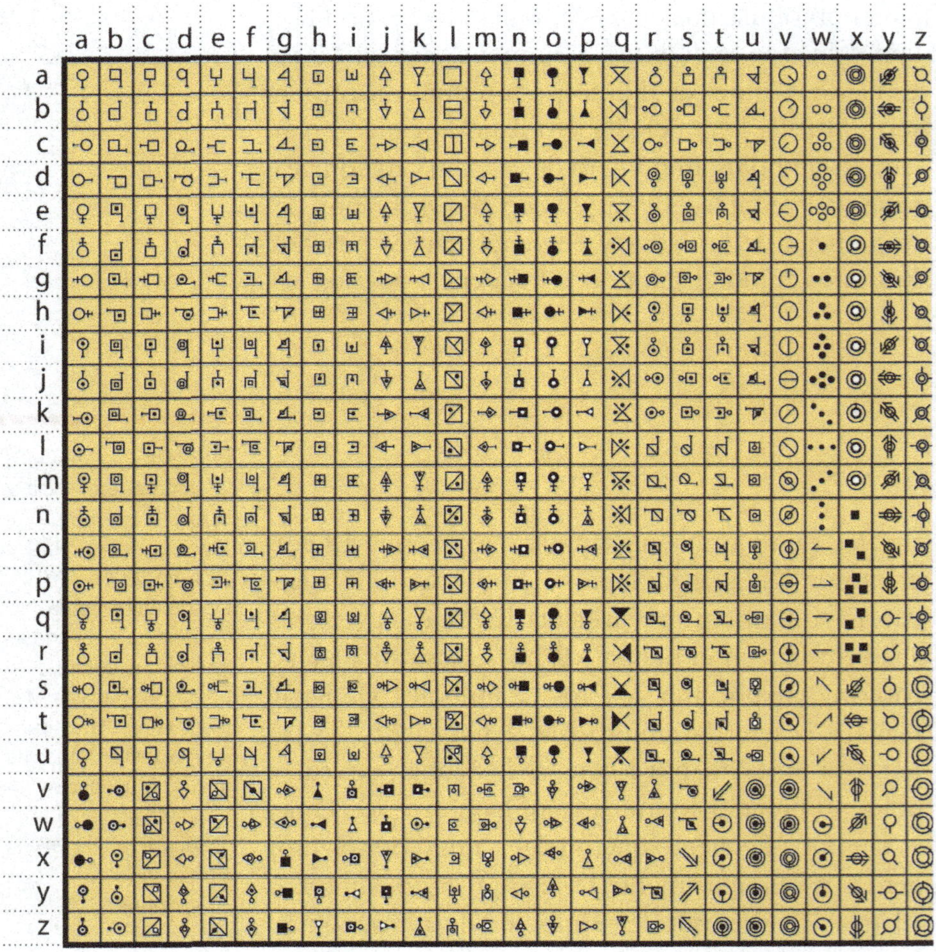

Intenta descifrar palabras utilizando la cifra de Della Porta.

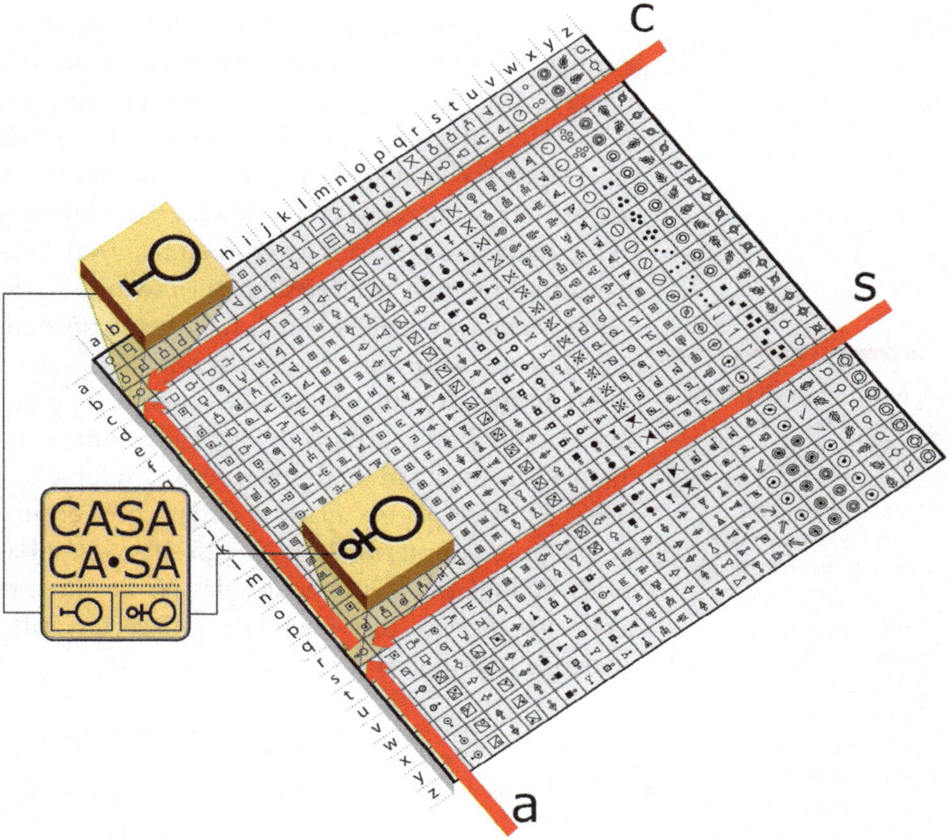

La Gran Cifra de Luis XIV

La Gran Cifra fue inventada por Antoine Rossignol y su hijo Bonaventure, quienes se habían ganado una enorme reputación como criptoanalistas trabajando al servicio del rey Luis XIII. Su sucesor, Luis XIV, quedó tan impresionado con su trabajo que trasladó las oficinas de los Rossignol junto a sus propios aposentos. A la vista de los resultados, fue todo un acierto.

Los Rossignol supieron utilizar su habilidad como criptoanalistas para desarrollar una cifra más sólida, que fue empleada para ocultar los mensajes confidenciales del "Rey Sol" y de sus ministros: la

Gran Cifra. Ésta usaba 587 números diferentes y era tan buena que cuando padre e hijo murieron, su secreto se fue con ellos. Nadie pudo cifrar un solo mensaje, y menos aún descifrarlo. Con el tiempo, la Gran Cifra cayó en el olvido, de modo que cuando en el siglo XIX aparecieron varias cartas cifradas de esta manera, nadie supo cómo descifrarlas. Al menos, así fue hasta que las cartas cayeron en manos del comandante Étienne Bazeries, un criptoanalista del ejército francés. Bazeries estuvo más de tres años intentando descifrar las cartas sin resultado. Estaba a punto de tirar la toalla cuando, de repente, tuvo una iluminación. Estaba seguro de que cada número no era una letra suelta ni un dígrafo, pero ¿y si fuese una sílaba? En cada página aparecía varias veces el mismo grupo de números (124-22-125-46-345), y Bazeries dedujo que representaba les-en-ne-mi-s, es decir: *les ennemis* (los enemigos). Bazeries había abierto la puerta para descifrar la Gran Cifra.

Antoine Rossignol se dio a conocer en 1626, cuando descifró una carta capturada a un mensajero, en la que se revelaba que una ciudad sitiada por el ejército francés estaba a punto de caer. Los franceses devolvieron la carta acompañada de su desciframiento al enemigo, y éste, al comprender la situación, se rindió.

Luis XIV aprovechó la habilidad criptoanalítica de los Rossignol y obtuvo enormes beneficios

Doscientos años después, los secretos del rey Luis XIV vieron de nuevo la luz. De todos ellos, había una carta en especial que atrajo la atención de los historiadores. En ella se percibía, sobre todo, la furia del rey contra uno de sus generales, Vivien de Bulonde, responsable de una grave derrota para el ejército francés. Las palabras de François de Louvois, el ministro de Guerra de Luis XIV, no dejan lugar a la duda: "Su Majestad desea que arrestéis inmediatamente al general Bulonde y hagáis que sea conducido a la fortaleza de Pignerol, donde lo encerrarán en una celda guardada por la noche, permitiéndosele caminar por las almenas durante el día, cubierto con una máscara".

Todo parece indicar que el enigmático enmascarado no era el gemelo del rey ni un hijo ilegítimo, sino simplemente un militar caído en desgracia. Sin embargo, no todos están de acuerdo. Algunos historiadores afirman que Bulonde aún seguía vivo en 1705, dos años después de la muerte del prisionero. Otros piensan que esta carta es una pista falsa para desviar la atención de la verdadera identidad del enmascarado.

A pesar de la criptografía, las hipótesis siguen siendo muchas. Está visto que descifrar un mensaje no siempre aclara los misterios.

Luis XIV reinó en Francia durante 72 años. El Rey Sol fue respetado y admirado por su pueblo.

La invención del telégrafo

Los postes del telégrafo modificaron el paisaje.

Cada civilización desarrolla un sistema para comunicarse a larga distancia. Los destellos de un espejo desde una torre árabe, el sonido de un tambor africano o un cuerno vikingo, las señales de humo de los indios americanos: todas son formas primitivas, a la vez que ingeniosas, de comunicación a distancia.

Con el tiempo, el hombre ha ido perfeccionando sus técnicas de comunicación. Esto significa llegar más lejos y más rápido. Al descubrirse la electricidad en el siglo XVIII, se buscó la forma de utilizar señales eléctricas para enviar mensajes. Esta búsqueda cristalizó a principios del siglo XIX con la invención del telégrafo, el primer aparato que nos permitió comunicarnos instantáneamente, sin importar las distancias.

El telégrafo revolucionó las comunicaciones en el mundo, pero también supuso un quebradero de cabeza más para los gobiernos y otras entidades que debían proteger el contenido de sus mensajes. Cualquier mensaje pasaba por las manos de un telegrafista quien, para poder enviarlo, tenía que leerlo. Por lo tanto, los telegrafistas tenían acceso a todos los mensajes y, aunque estaban bajo juramento de guardar secreto, existía la posibilidad de que cualquiera de ellos revelase información confidencial al enemigo.

Pero el telégrafo también afectó al ciudadano común. En su caso, más que la seguridad, estaba en juego la privacidad. El telegrafista podía tener acceso a secretos íntimos que su dueño no estaba dispuesto a compartir con terceras personas, y menos aún con el telegrafista de su ciudad.

En ambas circunstancias, la solución era la misma: la criptografía.

La cifra ADFGVX

Además de revolucionar las comunicaciones, la invención del telégrafo supuso un nuevo impulso para la criptografía, gracias al cual se desarrollaron más cifras. Quizá la más famosa de todas sea la cifra ADFGVX, una hábil mezcla de sustitución y transposición. Se llama así porque el texto cifrado contiene sólo estas seis letras. El motivo de esta elección es que, cuando se transforman en las líneas y puntos del código Morse, estas seis letras son muy diferentes entre sí, lo que hace más difícil equivocarse durante la transmisión de un mensaje.

Joven aprendiz utilizando un telégrafo.

Si quieres utilizar esta cifra, debes empezar dibujando un cuadrado de 6 por 6 casillas y rellenar las 36 casillas resultantes con las 26 letras del abecedario (sin la *ñ*) y los diez dígitos del 0 al 9, en el orden que quieras. Como se muestra en la siguiente figura, cada línea y cada columna de la cuadrícula se identifica con una de las seis letras, *A*, *D*, *F*, *G*, *V* o *X*.

	A	D	F	G	V	X
A	w	5	h	0	9	7
D	2	c	f	g	k	3
F	a	v	m	t	j	b
G	y	8	d	s	6	q
V	4	r	u	x	1	l
X	n	z	o	i	p	e

A: ._

D: _..

F: .._.

G: __.

V: ..._

X: _.._

Código Morse

El siguiente paso es tomar cada letra del mensaje, localizarla en la cuadrícula y sustituirla por las letras que encabezan su fila y su columna, siempre en ese orden. Por ejemplo, *f* está en la fila D y en la columna F, por lo que sería reemplazada por *DF*. Y de la misma forma, 5 sería sustituido por *AD*. Apliquemos este sistema al cifrado del mensaje siguiente:

Mensaje llano:	l	l	e	g	o	e	l	d	í	a	2	3	p	o	r
	l	a	t	a	r	d	e								
Mensaje cifrado:	VX	VX	XX	DG	XF	XX	VX	GF	XG	FA	DA	DX	XV	XF	VD
	VX	FA	FG	FA	VD	GF	XX								

De momento, se trata de una cifra de sustitución monoalfabética normal y corriente, que no sería capaz de resistir un simple análisis de frecuencia. Para enmarañar más la información y dificultar el criptoanálisis, vamos a desordenar las palabras del mensaje cifrado mediante una transposición. Para ello, utilizaremos una palabra clave, que en este ejemplo es INCA, y que se utiliza de la siguiente manera: primero, las letras de la palabra clave se escriben en la línea superior de una nueva cuadrícula. Después, el texto cifrado inicial se escribe debajo en la serie de filas obtenidas con la palabra clave. El siguiente paso es reordenar las columnas de la cuadrícula de tal forma que las letras de la palabra clave queden en orden alfabético. Para la palabra clave INCA, sería ACIN. Finalmente, el texto cifrado definitivo se obtiene escribiendo las letras de cada columna.

Samuel Morse, el inventor del código que lleva su nombre.

I	N	C	A
V	X	V	X
X	X	D	G
X	F	X	X
V	X	G	F
X	G	F	A
D	A	D	X
X	V	X	F
V	D	V	X
F	A	F	G
F	A	V	D
G	F	X	X

A	C	I	N
X	V	V	X
G	D	X	X
X	X	X	F
F	G	V	X
A	F	X	G
X	D	D	A
F	X	X	V
X	V	V	D
G	F	F	A
D	V	F	A
X	X	G	F

Texto cifrado final: XG-XF-AX-FX-GD-XV-DX-GF-DX-VF-VX-VX-XV-XD-XV-FF-GX-XF-XG-AV-DA-AF

Ahora ya podemos enviar por telégrafo el mensaje sin temer que su contenido pase ante los ojos del telegrafista. Para que el receptor pueda descifrarlo, sólo necesita conocer los detalles de la cuadrícula para la sustitución y la palabra clave utilizada para la transposición.

La cifra Playfair

El nombre de la cifra Playfair se debe al barón Lyon Playfair (1818-1898), científico y político escocés pero, al parecer, el inventor fue su buen amigo sir Charles Wheatstone, uno de los pioneros del telégrafo. Precisamente, la idea de Wheatstone era desarrollar una cifra para poder mandar mensajes secretos por telégrafo de manera segura.

La cifra Playfair sustituye cada par de letras del texto llano con otro par de letras. Se trata, por lo tanto, de una cifra digráfica, como la cifra de Della Porta, que vimos en el capítulo anterior. La principal diferencia entre ambas es que la cifra Playfair requiere más trabajo para cifrar y descifrar, aunque a

Gracias a la sencillez de sus medios, la cifra Playfair fue adoptada por el ejército británico a principios del siglo xx. Sin embargo, se puede atacar haciendo un análisis de frecuencias, sólo que con dígrafos en lugar de letras. De hecho, en la Primera Guerra Mundial los alemanes la descifraban de forma habitual.

Telégrafos antiguos.

Charles Wheatstone desarrolló la cifra Playfair.

cambio usa una tabla mucho más simple, lo cual siempre es de agradecer.

Para cifrar un mensaje, el emisor y el receptor deben ponerse de acuerdo en una palabra clave. Por ejemplo, OLMECA. A continuación, escribimos las letras del alfabeto (sin la *ñ,* pues este sistema se inventó usando el alfabeto inglés) en una cuadrícula de cinco por cinco casillas, comenzando con la palabra clave, y siguiendo con el resto de las letras en su orden habitual, pero combinando las letras *i* y *j* en un solo elemento.

O	L	M	E	C
A	B	D	F	G
H	I/J	K	N	P
Q	R	S	T	U
V	W	X	Y	Z

Después de estos preparativos, ya estamos listos para cifrar cualquier mensaje. Como se trata de una cifra digráfica, lo primero es dividir el mensaje en pares de letras y localizar cada uno de ellos en la cuadrícula, siguiendo cuatro reglas básicas:

1. Si las dos letras están en la misma fila, se utilizan las letras que quedan justo a la derecha de ambas letras. Piensa en la última casilla de una fila como si estuviese unida a la primera de esa misma fila. Es decir, la letra de la derecha de la última letra de una fila es la primera letra de esa fila. Por ejemplo, "tu" se convertiría en *UQ* (la *u* y la *q* están a la derecha de la *t* y la *u*, respectivamente).

2. Si las dos letras están en la misma columna, se usan las letras que quedan precisamente debajo de ambas letras. Considera que la última casilla de una columna está conectada con la primera de esa misma columna. O sea, la letra de debajo de la última de una columna es la primera letra de esa columna. Así,

"en" se escribiría *FT*, porque *f* y *t* están debajo de *e* y *n*, respectivamente.

3. Si las dos letras están en distintas filas y columnas, la primera letra se sustituye por la que se encuentra en la intersección de la fila donde se encuentra la primera letra y la columna de la segunda letra. Y la segunda letra se reemplaza por la letra que se encuentra en la intersección de la columna donde se encuentra la primera letra y la fila de la segunda letra. Esto sería como formar un rectángulo con las letras originales y buscar los otros dos vértices. Por ejemplo, "no" se convertiría en *HE* porque, si te fijas en la cuadrícula, *n*, *o*, *h* y *e* son los vértices de un rectángulo.

4. Si las dos letras son iguales, o queda una letra suelta al final del mensaje, se debe añadir una *X* —una letra poco común— después de la primera letra. Por ejemplo, para cifrar "botella" dividiríamos esta palabra así: *bo-te-lx-la*. También es posible aplicar esta técnica para poder utilizar la *ñ*.

¿Difícil? Al principio puede que sí, pero si se usa con frecuencia resulta muy sencilla. Sólo es cuestión de práctica, así que empecemos con este ejemplo:

Cuando el barón Playfair intentó interesar a la oficina de Asuntos Exteriores en su cifra, el vicesecretario alegó que el sistema era demasiado complicado. Playfair argumentó que él podría enseñar el método a cualquier niño en un cuarto de hora. "Sí, pero nunca podría enseñárselo a los agregados diplomáticos", replicó el vicesecretario.

Mensaje llano:	ataque	la	carretera	esta	noche
Mensaje en dígrafos:	at aq ue	la	ca rx re te ra	es ta	no ch ex
Texto cifrado:	FQ HV TC	OB	OG SW TL YF QB	MT QF	HE OP MY

El receptor, que también conoce la palabra clave, puede descifrar fácilmente el mensaje invirtiendo el proceso y eliminando aquellas *x* que no tengan sentido en el mensaje final. Es decir, las letras cifradas que estén en la misma fila de la cuadrícula se descifran reemplazándolas por la letra que hay a la izquierda de cada una de ellas. Y así sucesivamente.

La criptografía en la literatura

Sherlock Holmes.

Con la invención del telégrafo aumentó el interés público por la criptografía. Para la gente común, la criptografía tenía algo de mágico y misterioso que resultaba fascinante. Por ello, muchos escritores encontraron en este arte una manera de atraer a los lectores. El resultado de todo esto fue la irrupción de la criptografía en la literatura del siglo XIX.

Un buen ejemplo es Sherlock Holmes, el personaje creado por el escocés Arthur Conan Doyle (1859-1930).

Además de aficionado al violín, alquimista y genio de la observación y la deducción, Holmes era un experto en todo tipo de escritura secreta, "autor de una modesta monografía en la que analicé más de 160 cifras diferentes", como explicó una vez a su inseparable compañero, el doctor Watson. No se podía esperar menos del detective de ficción más famoso de la historia.

Durante su carrera, el bueno de Holmes tuvo que enfrentarse en más de una ocasión a un mensaje cifrado. Por ejemplo, en "La aventura de los bailarines", unos misteriosos dibujos de muñecos danzantes tenían aterrorizada a la mujer de un distinguido caballero. Para Watson eran simplemente los garabatos de un niño, pero Holmes sospechaba que significaban algo más.

En efecto, esos inocentes dibujos en realidad encerraban un mensaje secreto, en el que cada símbolo representaba una letra, y cuyo significado sólo era conocido por el anónimo dibujante y la propia esposa del caballero. Pero Holmes estaba convencido de que "lo que un hombre inventa, otro lo puede descifrar". Así que, cuando llegó a la conclusión de que se enfrentaba a una simple cifra de sustitución monoalfabética, sólo tuvo que aplicar las reglas habituales para descifrarla: análisis de frecuencia, intuición y mucha paciencia. En este caso, supuso que la figura más frecuente en los mensajes (X) se correspondería con la letra *e*, la letra más frecuente en inglés, y que era muy probable que el nombre de la mujer, Elsie, apareciera en alguno de ellos. También fue capaz de deducir, por el modo en que estaban distribuidas las banderas que llevaban los muñecos, que éstas servían para separar las palabras de una frase. Estas acertadas suposiciones fueron suficientes para que Holmes resolviese la cifra ¡en cuestión de apenas dos horas!

El escritor Arthur Conan Doyle cautivó al mundo con su detective Sherlock Holmes.

Pero todavía faltaba un detalle para cerrar el caso: había que atrapar al criminal que amenazaba a Elsie. Para ello, Holmes tuvo la brillante idea de hacerse pasar por la señora y mandarle el siguiente mensaje cifrado:

¿Serías capaz de descifrarlo?

Lewis Carroll también se interesó en la fotografía.

Un sacerdote en el país de la criptografía

Un papel muy destacado como aficionado a la criptografía lo jugó el sacerdote anglicano Charles Lutwidge Dodgson (1832–1898), más conocido como Lewis Carroll, autor de obras inmortales como *Alicia en el País de las Maravillas* y *A través del espejo*. Además de poeta y escritor, Carroll estuvo toda su vida fascinado con rompecabezas, códigos, cifras y otros juegos matemáticos, y le encantaba asombrar con ellos a sus amigos. Imagínate cuál no sería la sorpresa de éstos cuando al abrir una carta de Carroll descubrían que estaba cifrada, y que para poder leer su contenido tenían que descifrarla primero.

Carroll inventó varias formas de cifrar con base en la cifra de Vigenère

Su pasión por la criptografía era tal que llegó a inventar diversas cifras, basadas todas ellas en la cifra de Vigenère. Como ya vimos, la cifra de Vigenère asocia cada letra del mensaje llano con una letra de la palabra clave, de manera que para cifrarla hay que localizar en la *tabula recta* la fila que empieza por la letra de la palabra clave y buscar la intersección con la columna encabezada por la letra que se quiere cifrar.

Como Vigenère, Carroll también utilizaba la *tabula recta* y usaba una clave para emparejar cada letra del mensaje con una letra de la clave. Pero la principal diferencia estaba en el modo de cifrar y descifrar. Por ejemplo, una de las cifras inventadas por Carroll funcionaba de la siguiente manera: se busca en la primera fila la letra que se quiere cifrar. Entonces se sigue esa columna hasta encontrar la letra de la clave asociada a la letra que queremos cifrar. Si se sigue esa

> Lewis Carroll inventó un popular pasatiempo, conocido hoy en día como escalera de palabras, en las que una palabra se transforma en otra distinta cambiando únicamente una letra en cada paso. Por ejemplo, podemos pasar de CERO a NADA siguiendo este camino: CERO, CERA, CARA, CADA, NADA.

fila hacia la izquierda, la letra que aparece en la primera columna es la letra cifrada.

En definitiva, el método de Carroll es muy parecido al de Vigenère, pero no exactamente igual. Para terminar de familiarizarnos con él, vamos a suponer que queremos cifrar la frase favorita de la Reina de Corazones, uno de los personajes de *Alicia en el País de las Maravillas*, mediante la clave LEWIS. Como en el caso de Vigenère, lo primero es repetir la clave sobre el texto llano tantas veces como sea necesario, hasta que cada letra del mensaje quede emparejada con una letra de la clave. Ahora, para cifrar la primera letra, la *q*, debemos buscarla en la primera fila. Una vez encontrada, se sigue esa columna hasta dar con la letra que le corresponde de la clave, la *L*. Ahora sólo hay que tomar esa fila hacia la izquierda hasta llegar a la primera columna para descubrir que la letra cifrada es la *U*. Y lo mismo con el resto de letras del mensaje llano.

Cuentan que la reina Victoria de Inglaterra se entusiasmó tanto con la lectura de *Alicia en el País de las Maravillas,* que pidió que le trajeran de inmediato todo lo que Lewis Carroll había escrito. La reina nunca imaginó que le entregarían varios libros sobre complicados problemas matemáticos.

Clave:	L	E	W	I	S	L	E	W	I	S	L	E	W	I	S	L	E	W	I
Texto llano:	q	u	e	l	e	c	o	r	t	e	n	l	a	c	a	b	e	z	a
Texto cifrado:	U	K	S	X	O	J	P	F	O	O	Y	T	W	G	S	K	A	X	I

Una vez que el receptor haya recibido el mensaje cifrado, sólo tendría que "deshacer el camino" de cada letra cifrada, es decir, buscar la letra cifrada en la primera columna, seguir esa fila hasta encontrar la letra clave que le corresponde, y luego subir a la primera fila para localizar la letra del alfabeto llano.

La principal ventaja de esta forma de usar la *tabula recta* es que resulta más rápida y fácil de manejar que la de Vigenère, ya que sólo hay que tomar un camino —seguir una columna hacia abajo y luego una fila hacia la izquierda— en vez de encontrar la intersección de una fila y una columna.

Edgar Allan Poe

En Estados Unidos, el interés popular por la criptografía recibió su primer impulso de la mano de Edgar Allan Poe (1809-1849), famoso por sus historias de misterio y terror. Poe también estaba fascinado por los mensajes secretos. En muchos de sus poemas se esconden anagramas y mensajes ocultos. Y el más famoso de sus relatos cortos, "El escarabajo de oro", se centra en el hallazgo de un mensaje secreto escrito con tinta invisible en un pergamino. El mensaje en cuestión es el siguiente:

En su famoso relato "La carta robada", Edgar Allan Poe nos demuestra que a veces la mejor manera de esconder algo es no esconderlo y dejarlo en un lugar tan evidente que nadie sospeche que está ahí. La supuesta carta robada estaba en realidad en la repisa de la chimenea a la vista de todo el mundo.

53‡‡†305))6*;4826)4‡.)4‡);806*;48†8
¶60))85;1‡(;:‡*8†83(88)5*†;46(;88*96
?;8)‡(;485);5*†2:*‡(;4956*2(5*—4)8
¶8*;4069285);)6†8)4‡‡;1(‡9;48081;8:8‡
1;48†85;4)485†528806*81(‡9;48;(88;4
(‡?34;48)4‡;161;:188;‡?;

Parece una loca ecuación matemática, ¿no es cierto? Sin embargo, se trata de una cifra de sustitución monoalfabética normal y corriente, que el protagonista consigue descifrar, una vez más, a partir del análisis de frecuencias. El texto original está en inglés; el resultado del mensaje oculto, una vez traducido, es el siguiente:

"Un buen cristal en el hostal del obispo en la silla del diablo cuarenta y un grados y trece minutos nororiente y por el norte tronco principal séptima rama lado oriental disparar el ojo izquierdo de la cabeza de muerto una línea de abeja del árbol a través del tiro quince metros fuera".

Poe aterrorizó a sus lectores con sus relatos, pero también se interesó por la criptografía.

En teoría, el mensaje cifrado revelaba el paradero de un tesoro pirata escondido. ¿Es posible que esta serie de palabras sin sentido lo haga? Lo mejor será que dejemos la historia en este punto y lo compruеbes tú mismo leyendo el cuento. Seguro que no te defraudará.

La relación de Poe con la criptografía no se centra únicamente en su obra literaria. Durante su colaboración con la revista *Alexander's Weekly Messenger* desafió a los lectores a que le enviaran mensajes cifrados para que él los descifrase. Este trabajo le duraría apenas cinco meses, tiempo suficiente para que Poe recibiese más de cien mensajes cifrados. Un año más tarde, cuando escribía en el *Graham's Magazine* sobre el arte de la escritura secreta, afirmó haber resuelto todos esos mensajes cifrados, y se quejó de que para ello tuvo que emplear tiempo que pensaba dedicar a otras cosas. Como, por ejemplo, escribir.

Edgar Allan Poe presentó su relato "El escarabajo de oro" a un concurso de relatos en prosa de un periódico de Filadelfia. Finalmente, ganó el primer premio y se embolsó con ello 100 dólares, además de ver publicado su relato en dicho periódico. Seguramente ésa fue la mayor cantidad de dinero que Poe consiguió por un solo trabajo.

Poe utilizaba una cifra de sustitución monoalfabética que es posible descifrar con el análisis de frecuencias

En realidad, ese tiempo no estuvo tan mal invertido, dada la admiración que despertó entre sus lectores. Uno de ellos no dudó en afirmar: "El criptógrafo más profundo y habilidoso que haya existido jamás fue Edgar Allan Poe". Esta afirmación parece muy exagerada, pero hay que reconocer que parte de la fama que tiene Poe se debe a su labor de popularizar la criptografía en su país.

Julio Verne hizo uso de mensajes secretos en sus novelas.

Una de aventuras

Julio Verne (1828-1905) es considerado uno de los precursores de la ciencia ficción, porque escribió sobre viajes y retos tan extraordinarios que para el hombre del siglo XIX resultaban completamente desconocidos. Curiosamente, con el paso de las décadas muchos de ellos se han convertido en realidad. Aunque nadie haya visitado todavía el corazón de nuestro planeta *(Viaje al centro de la Tierra)*, todos sabemos que los submarinos han conquistado el mar (*Veinte mil leguas de viaje submarino*), el hombre ha caminado por la Luna (*De la Tierra a la Luna*) y los globos han viajado alrededor del mundo (*Cinco semanas en globo*).

Dotado de una imaginación inagotable, Julio Verne escribió algunas de las más grandes obras de la literatura de aventuras. Una de ellas es, sin duda, ***Viaje al centro de la Tierra***, donde el hallazgo de un pergamino en caracteres rúnicos y su posterior desciframiento desencadenan un extraordinario viaje al interior de la Tierra.

En otra medida más modesta, resolver un mensaje secreto también supone un gran reto. Así lo entendió Verne, quien dio un papel protagonista a la criptografía en algunas de sus novelas. Por ejemplo, en *Viaje al centro de la Tierra*, donde describe una forma de cifrado muy ingeniosa basada en el método de la rejilla. Una rejilla es un cuadrado o rectángulo de cartón u otro material en el cual se han abierto ventanas en varios lugares. En su forma más simple, el mensaje cifrado se escribe a través de las ventanas de la rejilla, y luego ésta se quita y se rellenan los huecos con otras letras sin sentido. Para descifrar el mensaje, bastaría colocar una rejilla idéntica sobre el mensaje secreto. De esta manera, las letras sin sentido se ocultan, dejando al descubierto únicamente las letras que forman el verdadero mensaje. Por ejemplo, si recibimos el siguiente mensaje:

D	F	E	W	I	S	A	E	M	M	V	B	E	A	J	R	H	C	L	O
E	A	D	L	F	R	L	T	U	Y	Z	N	X	V	E	B	V	T	S	Q

Que sabemos que se ha cifrado con esta rejilla:

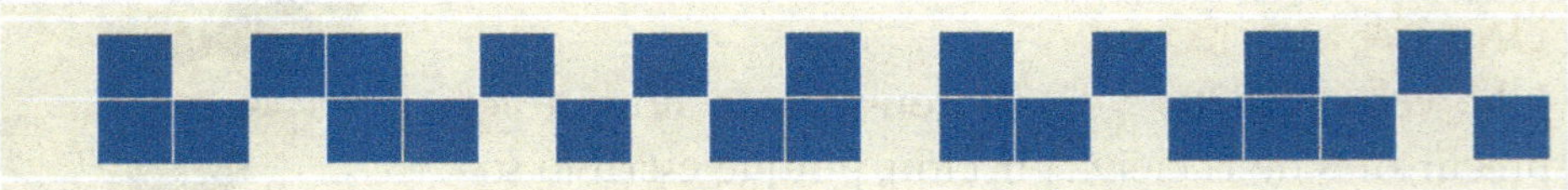

Sólo tenemos que colocar la rejilla encima del mensaje para poder leer su contenido.

Por supuesto, si el emisor y el receptor no tuviesen la misma rejilla, el resultado de aplicarla sobre el mensaje sería un auténtico galimatías.

> El método de la rejilla apareció en la novela de Verne *Viaje al centro de la Tierra,* para cifrar diversos mensajes

Con el tiempo, este método se fue complicando poco a poco de forma que las rejillas pudiesen girar. De la misma manera que antes, la fase inicial del cifrado consiste en aplicar la rejilla sobre una cuadrícula y rellenar las letras a través de las ventanas de la rejilla en el orden habitual.

Sin embargo, en vez de acabar aquí, ahora se gira noventa grados la rejilla, siempre en el sentido de las manecillas del reloj, y se vuelve a realizar la misma operación, así hasta cuatro veces como máximo, para rellenar por completo la cuadrícula con el contenido del mensaje.

Y para descifrar el mensaje solamente habría que repetir este mismo proceso. En definitiva, se trata de una cifra de transposición, porque al aplicar la rejilla lo que se consigue es desordenar las letras del mensaje llano.

Lo que acabamos de describir es la forma en que escribe sus mensajes secretos Matías Sandorf, un joven aristócrata húngaro que prepara una conspiración contra la monarquía de su país. Podemos utilizar la misma rejilla empleada por él para poner en prác-

Bastión del Pescador, en Budapest, Hungría.

tica este sistema. Vamos a suponer entonces que hemos recibido el siguiente mensaje secreto:

HHLAASLSAOUDLATOCTLIUOLARNRAEIMJUZCI

De este mensaje sabemos que es el resultado de leer, fila a fila, una cuadrícula de 6 por 6 casillas. Además, para escribirlo, se ha utilizado la rejilla de la imagen, girándola cuatro veces, 90 grados, en el sentido de las manecillas del reloj. ¿Sabrías decirme cuál es el mensaje que se esconde detrás de esta retahíla de letras?

Si te resulta más divertido, puedes copiar la cuadrícula con las letras en un papel y construir una rejilla del mismo tamaño con cartulina, haciéndole los agujeros adecuados. Además, de esta manera será más fácil cuando tengas que rotar la rejilla sobre la cuadrícula para descifrar el mensaje. La solución aparece en la parte inferior de esta página.

HAS UTILIZADO LA REJILLA CON MUCHA SOLTURA

Babbage *vs.* Vigenère

Desde el momento en que la cifra de Vigenère se dio a conocer, fue llamada la "cifra indescifrable", debido a su enorme fortaleza. El escritor Lewis Carroll —también criptógrafo, como ahora sabemos— llegó a afirmar que la cifra de Vigenère era imposible de descifrar sin conocer la palabra clave. Como él, la mayoría de los criptoanalistas habían abandonado toda esperanza de llegar a descifrar la cifra de Vigenère.

Puede que muchos se sintieran derrotados, pero no era el caso de Charles Babbage, polifacético científico inglés. Inventor del velocímetro y del primer aparato para examinar el interior del ojo humano, el oftalmoscopio, fue también uno de los fundadores de la Real Sociedad Astronómica inglesa, en 1820. Durante su vida, escribió sobre temas tan diversos como ajedrez, geología, eclipses solares, economía, submarinos, estadística y, por supuesto, criptografía.

La fascinación de Babbage por la criptografía se remonta a los días de su juventud, y con el paso de los años se fue ganando la fama de ser un reputado criptoanalista. Finalmente, se propuso intentar lo que nadie había conseguido hasta entonces: vencer a Vigenère.

Fortaleza en España.

Recordemos que la fuerza de la cifra de Vigenère se basa en que una misma letra se puede cifrar de distintos modos y, a su vez, la misma letra del mensaje cifrado puede emparejarse con más de una del texto llano. Para refrescar la memoria, cifremos con la clave LUIS el título de un relato de Jorge Luis Borges: "Los dos reyes y los dos laberintos".

Clave:	L U I	S L U	I S L U I	S	L U I	S L U	I S L U I S L U I S
Texto llano:	L o s	d o s	r e y e s	y	l o s	d o s	l a b e r i n t o s
Texto cifrado:	V J A	V Z N	Z W J Y A	Q	V J A	V Z N	S S M Y Z A X Ñ W L

Efectivamente, la primera *s* se cifra como *A*, mientras que la segunda lo hace como *N*. A su vez, las primeras dos *l* se cifran como *V*. Sin embargo, si te fijas un poco en el texto cifrado, podrás observar un hecho que llama poderosamente la atención. La palabra "los", que aparece dos veces, se cifra en ambos casos de la misma manera, *VJA*. La causa de esta repetición es que la distancia entre los dos *los* es de ocho letras, que es un múltiplo de la longitud de la clave, de cuatro letras. Esto hace que las dos palabras se cifren de acuerdo con las mismas letras de la clave, *LUI*, dando lugar a la misma palabra cifrada.

Lo que ocurre es que la cifra de Vigenère es polialfabética, pero no tanto. De los 26 alfabetos de la *tabula recta*, sólo se utilizan los que son definidos por las letras que forman la palabra clave. Por lo tanto, cada letra sólo se puede cifrar de tantas maneras posibles como alfabetos cifrados se utilicen, o lo que es lo mismo, como letras tenga la palabra clave. En el ejemplo, la *e* sólo se puede transformar en *O* (si se usa la *L)*, como *Y* (si se usa la *U)*, como *M* (si se usa la *I)* o como *W* (si se usa la *S)*.

Charles Babbage vivió fascinado por la criptografía.

Pero aún hay más. Los alfabetos cifrados definidos por la clave no se pueden combinar como uno quiera, sino que siempre se deben usar en el mismo orden, que es el que impone la palabra clave. Para cifrar cualquier mensaje con la clave LUIS, primero se utilizará el alfabeto cifrado definido por la *L*, luego el definido por la *U*, la *I*, la *S*, otra vez la *L*, y así sucesivamente. Así, para cifrar la palabra *el* únicamente hay cuatro combinaciones: las que determinan los alfabetos cifrados *LU*, *UI*, *IS* y *SL*. En resumen, cuando ciframos palabras en vez de letras, también hay un número de posibilidades igual al número de letras de la clave.

Charles Babbage estuvo muy cerca de ser el padre de la computadora moderna. Diseñó una máquina capaz de realizar cálculos complejos, y que incluía una "reserva" (memoria) y un "molino" (procesador) que le permitirían tomar decisiones y repetir instrucciones, como se hace en la programación actual. Sólo la falta de dinero hizo abortar el proyecto.

La cifra de Vigenère resultó no ser tan inexpugnable como se pensaba

Lo importante de todo esto es que, si hay pocas maneras de cifrar cualquier palabra, y el mensaje original contiene varias veces una misma palabra, entonces es bastante probable que alguna secuencia de letras se repita en el texto cifrado, como ha ocurrido en el anterior ejemplo. Babbage comprendió que estas repeticiones en el mensaje cifrado indicaban repeticiones en el mensaje llano, y que el espacio entre esas repeticiones tenía que ser un múltiplo de la longitud de la clave.

El ataque de Babbage

El descubrimiento de Babbage es muy importante, porque demuestra que incluso la "cifra indescifrable" tenía un punto débil que atacar. Aunque fuese muy difícil, Babbage supo en ese instante que criptoanalizar la cifra de Vigenère no era imposible. Comprobemos nosotros mismos si Babbage estaba en lo cierto mediante un ejemplo. Imaginemos que hemos interceptado el siguiente mensaje, del que sólo sabemos que ha sido cifrado con la cifra de Vi-

Máquina de calcular de Babbage.

genère. Por supuesto, no sabemos nada del mensaje original, y de la clave no hay ni rastro. ¿Seríamos capaces de criptoanalizarlo?

ZQFWKJXBTBQEZLXMEOMOAMBSXRXQ
YRJIZTFAMPIJJLQDFXXBMKYEZBMFTEPBYS
OIQTVOMSJVFWPIMOMKVYQMP XSZMQT
FHZIFFHZIFQPWSFQXWPYVQAAJONUQJ
CBXBRWQYRJQBOXPONZXHSZAMREZBB
DIFBMDEXIJNXNLAJSGZMHYNZQJXB
TXXWUTBAIBMKJOCZFQIEBBWGQBM
RSTIVHSFIBROBAZZEEBBYSQYRJPQMPUEZBB
USEMIUVUTBWXQZZJXBDMDIZBOFQPW
VUEEMZJUHMBRXEMZTQCPBIIEMZMS
CCBXJUUZTQQAQJZQZPTOQDMDHNUAT
CNMPYSLMKJOFMDZQPWVFYZAMXTQKET
UHMSTCXWPYVQKBAIEAMXEOIYFQPW
ZTQGIAXMFWKHEGWOHILGXJWGIEJGTW

Años después de que Babbage rompiera la cifra de Vigenère, un oficial retirado del ejército prusiano llamado Kasiski desarrolló la misma técnica que Babbage. Como éste no había dado a conocer sus resultados, cuando Kasiski publicó los suyos, que eran los mismos, la técnica pasó a ser conocida como la "prueba de Kasiski".

Los alfabetos cifrados definidos por la clave siguen el mismo orden

La primera regla al observar este texto es no desmoralizarse. Babbage ya nos ha enseñado que la cifra de Vigenère tiene un resquicio del cual agarrarse: buscar en el texto cifrado secuencias de letras que aparezcan más de una vez, como consecuencia de que se hayan cifrado usando la misma parte de la clave. Para evitar las secuencias de letras distintas del texto llano que por casualidad den una secuencia idéntica en el texto cifrado, lo mejor será considerar sólo secuencias largas, por ejemplo, de cuatro o más letras. La finalidad es ver si a partir del espacio entre las secuencias repetidas podemos deducir la longitud de la clave. La tabla siguiente es el resultado de esa búsqueda:

Distancia repetida		Posible longitud de la clave (o factores)																		
Secuencia repetida	Espacio entre repeticiones	2	3	4	5	6	7	8	9	10	11	12	13	14	15	16	17	18	19	20
FQPW	165		x		x						x				x					
EZBB	90	x	x		x	x			x	x					x			x		
QYRJ	100	x		x	x	x				x										x
FHZIF	5				x															
WPYVQ	255		x		x												x			

Para identificar la longitud de la clave necesitamos obtener los factores de todos los espacios entre repeticiones. Si observamos la tabla, resulta que todos los encontrados son divisibles entre cinco. Así que todo apunta a que la clave tiene cinco letras, lo que ya supone un gran avance.

Suponiendo que la clave tiene efectivamente cinco letras, el siguiente paso es más ambicioso: deducir cuáles son exactamente esas letras. Recordemos que si llegamos a descubrir la clave, podremos descifrar el texto sin mayores problemas.

De momento, como no sabemos cuáles son, vamos a llamarlas L_1, L_2, L_3, L_4 y L_5; L_1 es la primera letra de la clave, L_2 la segunda, y así sucesivamente. Cada letra de la clave define una línea de la *tabula recta* y, por lo tanto, proporciona un alfabeto cifrado de sustitución monoalfabética para todas las letras del mensaje cifrado. Ahora bien, la sexta letra del texto llano se cifraría de nuevo según L_1, la séptima de acuerdo con L_2, y el ciclo se repite después de eso. En otras palabras, la cifra polialfabética consta de cinco cifras monoalfabéticas, que se alternan en el cifrado de las letras de los mensajes. Eso está muy bien, porque nosotros ya sabemos cómo criptoanalizar las cifras monoalfabéticas.

Así que hemos empezado atacando un problema imposible, que luego ha resultado ser sólo muy difícil, y ahora hemos conseguido dividirlo en cinco

Cuando Babbage realizó su descubrimiento, acababa de estallar la guerra de Crimea, entre Inglaterra y Rusia. Tal vez el servicio de inteligencia británico obligó a Babbage a mantener en secreto su trabajo, para tener así ventaja sobre el enemigo. Ésta podría ser la explicación de que Babbage no publicara su método.

problemas más sencillos. ¡Bravo por Babbage! Lo que haremos será lo siguiente. Sabemos que las letras primera, sexta, undécima —y así sucesivamente— del mensaje se han cifrado con la fila de la *tabula recta* definida por L_1. Entonces, si tomamos esas letras, que corresponden a un único alfabeto cifrado, podemos utilizar el análisis de frecuencias para deducir el alfabeto cifrado en cuestión, como ya lo hemos hecho en otras ocasiones.

Un dentista aficionado a la criptografía, de nombre John Thwaites, fue quien impulsó a Babbage a enfrentarse a Vigenère. Al parecer, Thwaites creyó haber inventado una cifra que en realidad era la de Vigenère. Cuando Babbage quiso sacarlo de su error, aquél no sólo no rectificó, sino que retó a Babbage a que descifrase "su cifra".

Sin embargo, esta vez el proceso será algo distinto. No podemos deducir por el contexto del mensaje algunas palabras, porque únicamente disponemos de una de cada cinco letras del total, pero a cambio tenemos una gran ventaja. Las letras del alfabeto cifrado no pueden disponerse al azar, sino que al ser parte de la *tabula recta* se trata por fuerza de un alfabeto normal desplazado entre 1 y 26 posiciones. Por eso, el análisis de frecuencias debe ofrecer la distribución de frecuencias característica del español, pero desplazada unas cuantas posiciones.

Si hay pocas maneras de cifrar una palabra, es muy probable que se repita una secuencia de letras

Para facilitar la comparación entre una y otra hay que tener en cuenta que, hasta ahora, hemos considerado el análisis de frecuencias como un recuento del número de veces que aparece cada letra. En estadística, a esto se le llama frecuencia absoluta. Esta magnitud depende del tamaño del texto: cuanto más grande sea éste, mayor será la frecuencia absoluta de las letras. Si queremos comparar dos textos de distinta extensión, esta magnitud no es muy útil, porque únicamente nos da totales de letras, y éstos varían según el tamaño del texto. En su lugar se suele utilizar el concepto de frecuencia relativa, que se calcula dividiendo el número de veces que aparece una letra entre el número total de letras. Luego se suele multiplicar por 100 para expresarlo como porcentaje. Por ejemplo, si en un texto de 150 letras la *a* aparece 18 veces, entonces su frecuencia relativa es $(18/150) \times 100 = 12$. Esto significa que si el texto tuviese 100 letras, entonces 12 de ellas serían la *a*. De esta forma podemos expresar las frecuencias del mensaje cifrado que analizamos ahora.

Apliquemos esto a las letras cifradas mediante el alfabeto definido por L_1 y calculemos en una tabla las frecuencias absolutas y relativas de todas estas letras:

ZJQMARJAJXYFYTJIVXTFFFYJJRJPHRDDN-
JHJXAJQWRHRZYJUUUWJDFUJRTIMX-
TJTDTYJZFXTTYAXFTXHHJJ

A	B	C	D	E	F	G	H	I	J	K	L	M	N
4	0	0	4	0	7	0	5	2	17	0	0	2	1
4.82	0	0	4.82	0	8.43	0	6.02	2.41	20.48	0	0	2.41	1.20

Ñ	O	P	Q	R	S	T	U	V	W	X	Y	Z
0	0	1	2	6	0	9	4	1	2	7	6	3
0	0	1.20	2.41	7.23	0	10.84	4.82	1.20	2.41	8.43	7.23	3.61

Lo primero que llama la atención es el pico pronunciado que tiene la *J*. Aparece casi el doble de veces que la letra que le sigue. Como primer intento, podemos suponer que se corresponde con la *e*, la letra más frecuente en español. Eso significa entonces que la *a* se corresponde con la *F*, la *b* con la *G*, etcétera. Para facilitar la comparación, vamos a enfrentar ambas distribuciones, pero desplazando la distribución de forma que la *J* de L_1 coincida con la *e* de la distribución normal. Si nuestra suposición es correcta, ambas distribuciones se deben de parecer bastante. Y la verdad es que así es: los picos, las "mesetas" —zonas con letras habituales— y los "valles" —zonas con letras poco habituales— de una distribución tienen su reflejo en la otra. Podemos concluir que la primera letra de la clave es la *F*, porque la fila de la *tabula recta* que se ha utilizado para cifrar es la que empieza por esta letra.

No siempre se acierta suponiendo que la letra más frecuente en el texto es la *e*, pero hay otras muchas maneras de dar con el alfabeto cifrado que se usó. Por ejemplo, también puedes suponer que entre las tres o cuatro más frecuentes siempre estarán la *a* y la *e*. Y sabes que ambas están separadas por cuatro letras; eso es una buena pista. Las letras *l, m*, *n* y *o*, por un lado, y *r*, *s* y *t*, por otro, forman dos mesetas muy reconocibles. En cambio, *w*, *x*, *y* y *z* forman un profundo valle justo antes de la *a*. Con estas pistas te animo a que pruebes tú solo a obtener las otras cuatro letras de la clave. ¡Buena suerte!

En matemáticas, se llama "factorización" al proceso de descomponer un número en los números primos que lo forman: los factores. Un número primo es aquel que sólo es divisible entre sí mismo y la unidad. Por ejemplo, los factores de 10 son 2 y 5, porque 2 y 5 son números primos y si los multiplicas obtienes 10.

El proceso de descifrado

Es un buen momento para echar la vista atrás y recordar los pasos que hemos seguido. Hemos empezado buscando repeticiones de secuencias en el texto cifrado, lo que nos ha permitido identificar la longitud de la clave, que resultó ser de cinco letras. Después hemos dividido el texto cifrado en cinco partes, cada una de ellas cifrada de acuerdo con una sustitución monoalfabética definida por una letra de la clave. Analizando cada fracción del texto que fue cifrado con cada letra de la clave, se deduce que la clave con que se ha cifrado el texto es: ¡FÉNIX! (Espero que tú también hayas llegado a la misma conclusión.)

Lo más difícil ya está hecho, porque una vez que hemos obtenido la clave, estaremos en posibilidad de descifrar el texto con nada más que un poco de paciencia, además de separar las palabras y añadir los signos de puntuación adecuados. Entonces podríamos leer lo siguiente:

Un soneto me manda hacer Violante,
que en mi vida me he visto en tal aprieto;
catorce versos dicen que es soneto:
burla burlando van los tres delante.

Yo pensé que no hallara consonante,
y estoy a la mitad de otro cuarteto;
mas si me veo en el primer terceto,
no hay cosa en los cuartetos que me espante.

Por el primer terceto voy entrando,
y parece que entré con pie derecho,
pues fin con este verso le voy dando.

Ya estoy en el segundo, y aun sospecho
que voy los trece versos acabando;
contad si son catorce, y está hecho.

Se trata de un soneto de Lope de Vega, quien fue conocido como el "Fénix de los Ingenios" (de ahí la clave escogida), un genial autor que se permitía bromear sobre su facilidad para escribir sonetos.

Aunque el método de Babbage se remonta probablemente a 1854, el descubrimiento no salió a la luz hasta el siglo XX, cuando algunos estudiosos analizaron las extensas notas dejadas por Babbage. El motivo es bien sencillo: nunca hizo públicos sus descubrimientos. Mucho más difícil es saber por qué.

Félix Lope de Vega y Carpio, autor del soneto cifrado.

El telegrama Zimmermann

Torre de telecomunicaciones.

En 1895, el físico italiano Guglielmo Marconi desarrolló un aparato que transmitía y recibía ondas electromagnéticas a cierta distancia: era la radio. Las ondas de radio no requerían un medio físico de transporte, sino que se propagaban por el aire como por arte de magia. Ésa era la principal ventaja de la radio frente al telégrafo, el cual necesitaba un cable para transportar los mensajes.

Sin embargo, la radio todavía tenía que salvar un obstáculo para superar al telégrafo. En teoría, la comunicación por radio quedaba limitada a sólo cien kilómetros. Para distancias mayores, la curvatura de la Tierra se haría apreciable, y como las ondas de radio viajan en línea recta y no pueden curvarse, entonces el mensaje no llegaría al receptor y se perdería. Para salir de dudas, Marconi intentó enviar un mensaje desde Cornualles, en Gran Bretaña, hasta Terranova, en Canadá, a 3 500 km de distancia. La prueba fue un éxito... Aunque nadie sabía muy bien por qué. La explicación tuvo que esperar hasta 1942, cuando los físicos descubrieron la ionosfera, una de las capas de la atmósfera, que actúa como un espejo, de forma que cuando las ondas de radio llegan ahí, rebotan y vuelven a la superficie terrestre.

La invención de la radio atrajo de inmediato la atención de los militares. En una situación de guerra, tender los cables de telégrafo entre dos puntos era muy complicado, cuando no imposible. ¡Que se lo pregunten a los soldados que se jugaban la vida en el intento! La radio ofrecía la posibilidad de una comunicación directa entre emisor y receptor sin necesidad de un cable: el sueño de todo alto cargo militar y de buena parte de la tropa.

Sin embargo, esa virtud de la radio era a la vez su principal punto débil, porque la facilidad de transmisión también facilitaba la intercepción. Eso significa que había muchas posibilidades de que los mensajes no sólo llegaran al receptor, sino también al enemigo. Y si éste iba a tener acceso a todos los mensajes de radio, mejor sería encontrar cuanto antes una manera de ocultar toda esa información. Ahí entraba en juego la criptografía.

El joven Marconi con su revolucionario invento.

Sin embargo, los criptoanalistas superaron todos los desafíos que les plantearon los criptógrafos durante el primer cuarto del siglo XX. El mejor ejemplo es el llamado telegrama Zimmermann, que está considerado como el mensaje más importante que jamás se haya criptoanalizado.

Soldados estadounidenses operando un aparato de radio en Francia, en julio de 1918.

Estados Unidos, Alemania y la Primera Guerra Mundial

Cuando la Primera Guerra Mundial estalló en Europa, en 1914, Estados Unidos permaneció neutral. Apenas un año más tarde, la situación estuvo a punto de cambiar cuando un submarino alemán hundió por error el transatlántico *Lusitania*, lo que provocó la muerte de muchos ciudadanos estadounidenses. Después de este incidente, los submarinos alemanes se comprometieron a salir a la superficie antes de atacar, para evitar este tipo de accidentes. Pero, a partir de 1917, la cúpula militar alemana decidió retomar la guerra submarina indiscriminada. Ésa era su única forma de cortar las líneas británicas de suministros y así forzar su rendición.

Esta decisión significaba que, antes o después, se volvería a producir un incidente como el del *Lusitania* y Estados Unidos declararía la guerra a Alemania. Adelantándose a esta situación, el ministro de Asuntos Exteriores alemán, Arthur Zimmermann, trazó un plan para desviar la atención estadounidense de Europa. La idea era proponer a México una alianza en caso de que estallara la guerra entre Estados Unidos y Alemania, con la promesa de que México recuperaría Texas, Nuevo México y Arizona. Incluso se sugería al presidente Venustiano Carranza la posibilidad de un pacto con el mismísimo Japón, para atacar directamente a Estados Unidos.

La ionosfera es una capa de la atmósfera que se extiende entre los 60 km y los 300 km de distancia de la Tierra. Se llama así porque está compuesta de iones —partículas cargadas eléctricamente— debido a la acción de la radiación solar. En la ionosfera tiene lugar el espectáculo de las auroras boreales.

Dibujo periodístico del hundimiento del *Lusitania*.

Las instrucciones fueron enviadas por Zimmermann a su embajador en México, en un telegrama codificado mediante el código 13040, uno de los muchos códigos empleados por los alemanes en sus comunicaciones de principios del siglo XX.

Para evitar que Alemania sospechara que sus comunicaciones habían sido descubiertas, Gran Bretaña contactó con un agente suyo en México, conocido sólo como el "señor H", quien obtuvo una copia del telegrama. Así pudieron camuflar su desciframiento bajo la excusa del espionaje en México, sin hacer referencia a su verdadero origen.

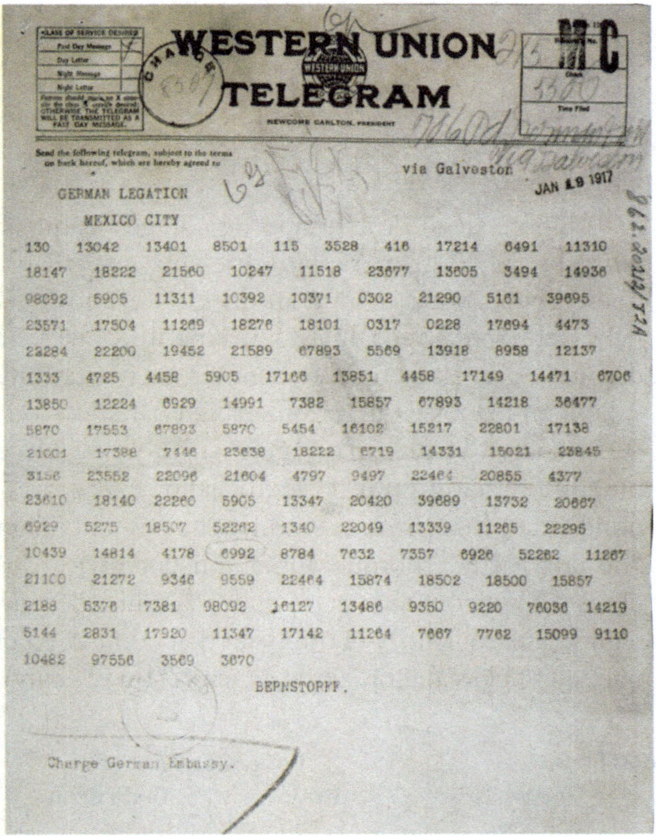

WESTERN UNION TELEGRAM

NEWCOMB CARLTON, PRESIDENT

Send the following telegram, subject to the terms on back hereof, which are hereby agreed to

via Galveston

JAN 19 1917

GERMAN LEGATION

MEXICO CITY

130 13042 13401 8501 115 3528 416 17214 6491 11310
18147 18222 21560 10247 11518 23677 13605 3494 14936
98092 5905 11311 10392 10371 0302 21290 5161 39695
23571 17504 11269 18276 18101 0317 0228 17694 4473
22284 22200 19452 21589 67893 5569 13918 8958 12137
1333 4725 4458 5905 17166 13851 4458 17149 14471 6706
13850 12224 6929 14991 7382 15857 67893 14218 36477
5870 17553 67893 5870 5454 16102 15217 22801 17138
21001 17388 7446 23638 18222 6719 14331 15021 23845
3156 23552 22096 21604 4797 9497 22464 20855 4377
23610 18140 22260 5905 13347 20420 39689 13732 20667
6929 5275 18507 52262 1340 22049 13339 11265 22295
10439 14814 4178 6992 8784 7632 7357 6926 52262 11267
21100 21272 9346 9559 22464 15874 18502 18500 15857
2188 5376 7381 98092 16127 13486 9350 9220 76036 14219
5144 2831 17920 11347 17142 11264 7667 7762 15099 9110
10482 97556 3569 3670

BERNSTORFF.

Charge German Embassy.

El controvertido telegrama Zimmermann, en su forma cifrada.

Cómo construir un código (alemán)

Los códigos alemanes de entonces podían llegar a tener miles de palabras y frases, por lo que eran definidos en un "libro de códigos", un listado con las palabras codificadas (llamadas "grupos") y su significado. Estos códigos podían ser de dos tipos. Si los grupos y sus correspondientes textos llanos se definían ambos en orden alfabético o numérico, se decía que era un código "de una parte", porque se necesitaba un único libro para poder codificar y descodificar los mensajes. Por ejemplo:

Texto llano	Grupo
capitán	2302
carretera	2315
comando	2372
comunicación	2375
cueva	2382

El punto débil de este tipo de códigos es que si sabemos que el grupo 2350 representa una palabra que empieza por la letra *c*, entonces el grupo 6154 debe representar por fuerza una palabra que está después en el alfabeto. Esto suponía una pista muy valiosa en manos de un criptoanalista hábil.

El código resulta más seguro si no se establece ninguna relación entre el texto llano y su correspondiente grupo. Se dice entonces que es un código "de dos partes", porque ahora son necesarios dos libros de códigos: uno para la codificación, ordenado según el texto llano, y el otro para descodificar, en el que se establezca el orden de acuerdo con el grupo.

Para codificar	
Texto llano	Grupo
tanque	6589
telegrama	4563
torre	7847
tren	2325
trinchera	1920

Para descodificar	
Grupo	Texto llano
1920	trinchera
2325	tren
4563	telegrama
6589	tanque
7847	torre

Un código de dos partes es algo parecido a utilizar un diccionario de idiomas: para trabajar con textos en español y alemán necesitamos tanto un diccionario español-alemán como uno alemán-español.

El código 13040 utilizado en el telegrama Zimmermann era una mezcla de los códigos de una y dos partes: más difícil de criptoanalizar que los primeros, pero más sencillo que los segundos. Estaba formado por cerca de 75 000 palabras, codificadas como números entre 00000 y 99999. El núcleo del código, en el que se recogían las palabras más habituales, comprendía los grupos del 01001 al 23999. Aquí las palabras que empezaban por la misma letra estaban agrupadas en un mismo bloque numérico, como en los códigos de una parte. Pero estos bloques no seguían el orden alfabético, como en los códigos de dos partes. Por ejemplo, los grupos del 13000 al 17199 representaban palabras que comenzaban con la letra *f*, mientras que los grupos del 10489 al 11010 incluían las palabras que empezaban con la letra *p*. Y, tal vez, los grupos del 12000 al 12999 podían representar palabras cuya primera letra era la *z*. Por eso se dice que es un código mixto.

Para aumentar la seguridad de un código se puede utilizar el llamado "superenciframiento", el cual consiste en codificar primero el mensaje y luego cifrarlo de alguna manera. Esto era habitual en los códigos numéricos alemanes, que solían ser de cuatro números, y a los que se les aplicaba una transposición por columnas.

El código usado en el telegrama constaba de casi 75 000 palabras codificadas como números

Además, el código tenía otras dos partes bien diferenciadas. La primera de ellas, del grupo 00100 al 00199, incluía algunas expresiones de uso corriente, como "en el", "sobre el", etcétera. Finalmente, los grupos del 24000 al 99999 formaban un suplemento geográfico. En particular, el grupo 67893 representaba a México.

Las consecuencias del criptoanálisis

El telegrama Zimmermann fue interceptado por los servicios de inteligencia británicos, y el día 17 de enero de 1917 llegó al departamento de criptoanálisis, bautizado como Sala 40. Allí estaban los más afamados especialistas británicos, para quienes el código 13040 era un viejo conocido, pues las embajadas alemanas en Centroamérica y Sudamérica llevaban varios años usándolo. Los británicos disponían de varios mensajes codificados así, e incluso habían conseguido descodificar algunos grupos.

La costumbre de usar stop en vez de un punto para terminar las frases de un telegrama tiene una explicación muy sencilla: el uso de un signo de puntuación costaba dinero, mientras que la palabra stop se transmitía como una pausa y era gratis.

En un mensaje de este tipo, el trabajo del criptoanalista empezaba por identificar los grupos que significaban *stop*, la palabra que se utilizaba en los telegramas para indicar el final de una frase. Así se conseguía poner de manifiesto la estructura del mensaje. Esta estructura proporcionaba a su vez alguna valiosa pista, según el idioma en cuestión. Por ejemplo, en inglés, el sujeto de la frase aparece siempre al principio de la misma, así que es muy probable que los sustantivos estén después de los *stops*. En alemán, por otra parte, el verbo suele ir al final de la frase, por lo que podría ser que el grupo que precede al *stop* fuera un verbo. En español es más difícil porque la estructura de las frases no es tan rígida. Otras pistas pueden ser las fórmulas de cortesía habituales en la diplomacia, por ejemplo: "Tengo el honor de informar a su excelencia".

Después de dos semanas de intenso trabajo, haciendo uso de estos y otros trucos, los criptoanalistas consiguieron descifrar el telegrama. Cuando por fin llegó a manos del presidente estadounidense Woodrow Wilson, éste tuvo que admitir que Alemania había fomentado la agresión directa contra Estados Unidos. Si el telegrama Zimmermann pretendía mantener a ese país alejado del escenario de guerra europeo, su consecuencia fue precisamente la opuesta: el día 6 de abril de 1917, Estados Unidos declaraba la guerra a Alemania.

La máquina Enigma

Poco después de terminada la Primera Guerra Mundial, el ingeniero alemán Arthur Scherbius pensaba que era el momento de abandonar los viejos y artesanales sistemas criptográficos y cambiarlos por otros que aprovecharan los avances tecnológicos de la época.

Con este propósito, Scherbius diseñó en 1918 una máquina de cifrado para facilitar la comunicación secreta en el mundo de los negocios. Incluso llegó a construir varios modelos comerciales, convencido de que la máquina era inexpugnable.

Al principio, Scherbius concibió su máquina para cifrar mensajes comerciales

Los clientes potenciales no lo ponían en duda, pero pensaban que era muy cara. Finalmente, a Scherbius se le ocurrió ofrecer su máquina al ejército alemán. Se llamaba Enigma, y con el tiempo se convirtió en la máquina de cifrar mensajes más temible de la historia.

Las entrañas de la máquina

Bajo la apariencia de una inofensiva máquina de escribir, Enigma es en realidad una máquina electromecánica que consta de los siguientes elementos:

Un teclado de 26 letras.

Un tablero luminoso formado por 26 focos.

Una unidad de rotores.

Un clavijero compuesto de 26 clavijas, situado en la parte frontal.

Un reflector.

Los rotores constituyen el alma de la máquina Enigma. Se trata de unos discos circulares planos de dos caras, con 26 contactos eléctricos en cada uno. Cada contacto de una cara se conecta con un cable a un contacto diferente de la cara contraria, según un patrón preestablecido. Por ejemplo, en un rotor en particular, el contacto número 1 de una cara puede estar conectado con el contacto número 4 de la otra cara, mientras que el contacto número 2 de una, con el número 7 de la otra.

Los militares alemanes comprendieron las terribles consecuencias que tuvo en la Primera Guerra Mundial su atraso en el campo de la criptografía, por lo que iniciaron una investigación interna para mejorar la seguridad de sus comunicaciones. La solución a sus problemas resultó ser la máquina Enigma.

Para entender el funcionamiento de la máquina Enigma, vamos a empezar estudiando una versión simplificada con un solo rotor. Cuando se pulsa una letra del teclado, la corriente se dirige al rotor. Allí, a través del cableado interno, la corriente pasa de una cara a otra, de acuerdo con la disposición preestablecida. Por último, llega a alguno de los focos del ta-

Motocicleta militar alemana con *sidecar*.

Tanque alemán de la Segunda Guerra Mundial.

blero luminoso, que se enciende. Así, cuando se pulsa la tecla *a*, la corriente se dirige al contacto 1 del rotor, sigue el camino del cableado interno que la lleva, por ejemplo, hasta el contacto 5 de la cara opuesta, y finalmente ilumina el foco *E*, la letra que corresponde al número 5. Esto significa que la *a* se cifra como *E*. De la misma forma, la *b* se podría cifrar como *D*, la *c* como *Y*, y así sucesivamente. Es decir, si dejamos de lado los detalles electromecánicos, el proceso de cifrado relaciona un alfabeto llano —el teclado— con otro distinto —el tablero luminoso— mediante una simple sustitución monoalfabética, gracias al cableado interno del rotor. Hasta aquí no hay nada nuevo, salvo que todo se realiza sin más que presionar una tecla.

Pero Scherbius tuvo entonces una idea perversa: girar la posición del rotor cada vez que se tecleara una letra. Esto significa que si presionamos de nuevo la letra *a*, ya no se cifrará como *E*, sino como otra letra distinta, por ejemplo, la *X*. Entonces, el rotor volverá a girar, y si quisiéramos cifrar una tercera vez la letra *a*, tendríamos por tercera vez un resultado diferente. Esto se debe a que, en cada giro, el rotor define un alfabeto cifrado distinto. Enigma se convierte así en una rápida y cómoda máquina de cifrado polialfabético.

Funcionamiento de la máquina Enigma

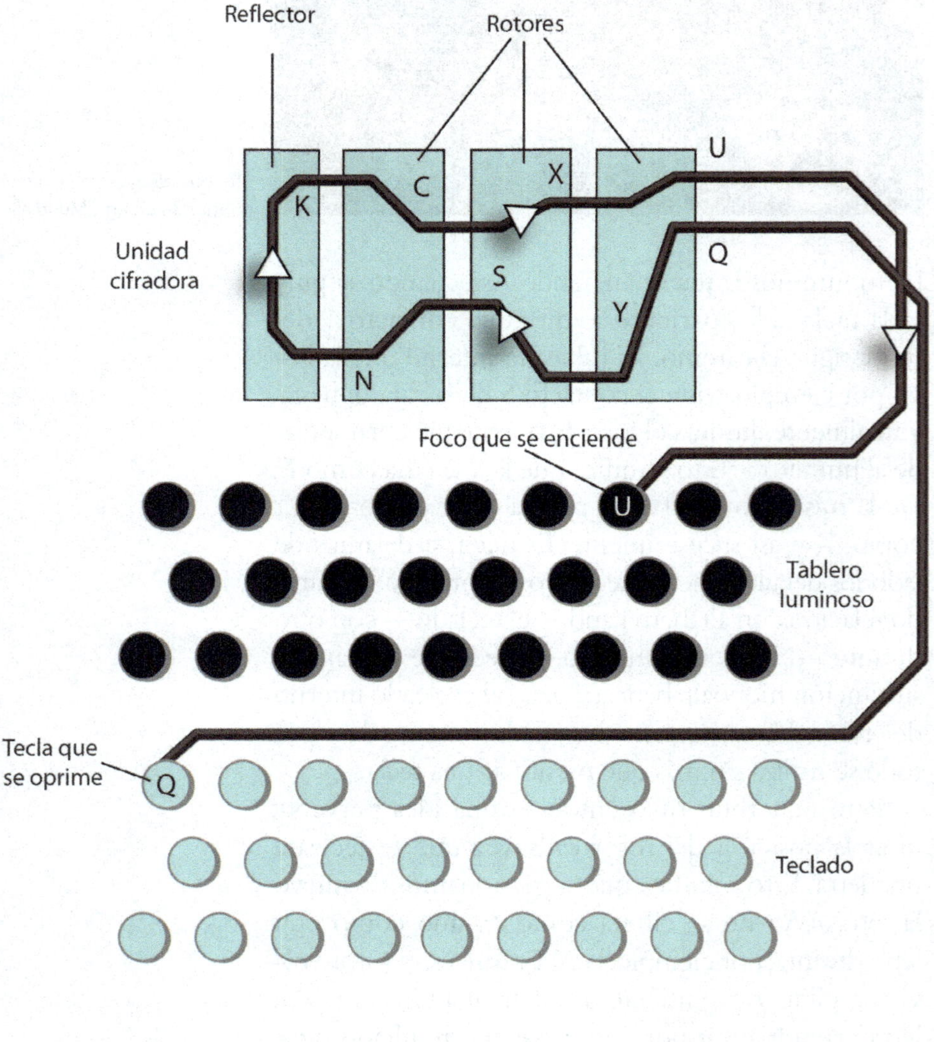

La idea central de Enigma

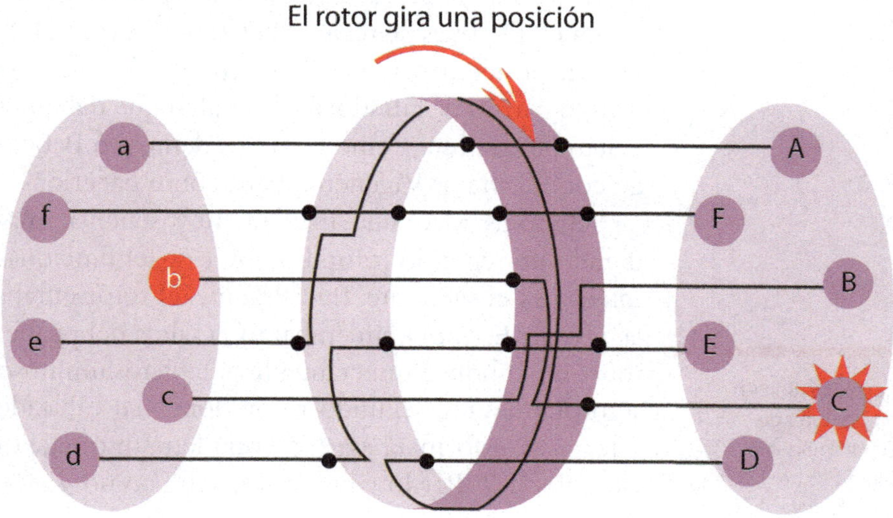

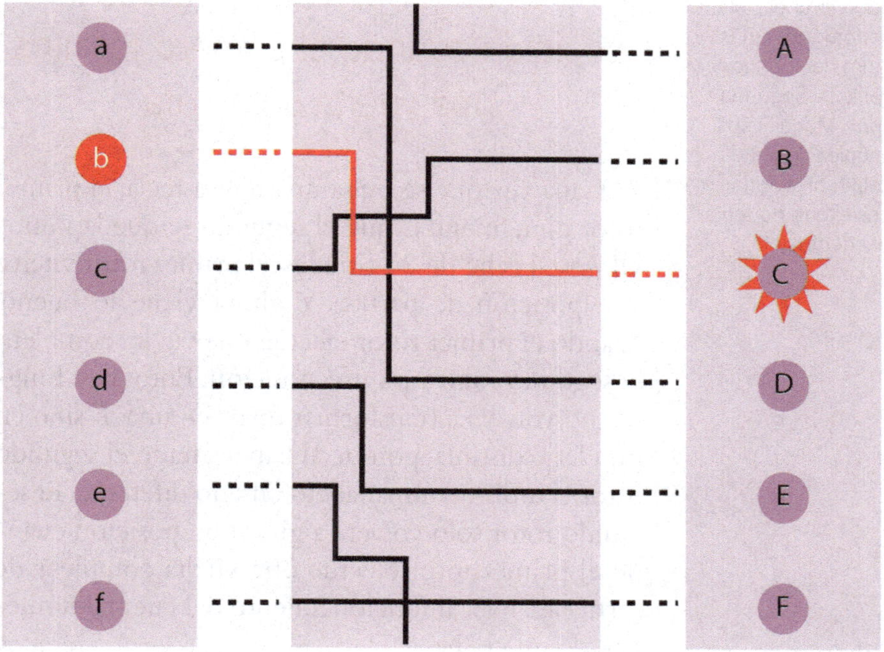

Sin embargo, sabemos que esto puede no ser suficiente para garantizar la seguridad en las comunicaciones. Después de teclear 26 letras, el rotor volverá a su posición original, y se repetirá de nuevo el mismo patrón de cifrado. Y eso es algo que debemos evitar a toda costa, como bien nos demostró Babbage con la cifra de Vigenère. ¿Pero cómo hacerlo?

Scherbius ideó una manera muy sencilla: añadiendo un segundo rotor. En este caso, el funcionamiento es el siguiente. Inicialmente, el rotor cifraba la *a* como *E*. Ahora, sin embargo, la salida del primer rotor no conduce directamente al tablero luminoso, sino que lleva al segundo rotor, donde su cableado interno transformará esa *E* en otra letra distinta, por ejemplo, la *T*. Por lo tanto, la *a* se cifra como *T*.

El ejército alemán compró más de 30 000 máquinas Enigma entre 1925 y 1945. El invento de Scherbius les proporcionó el sistema de criptografía más seguro del mundo, y al estallar la Segunda Guerra Mundial sus comunicaciones estaban protegidas a un nivel que no tenía precedentes.

El segundo rotor gira una posición cuando el primero termina una vuelta completa

Cada vez que se pulsa una nueva tecla, el primer rotor gira, mientras que el segundo se queda inmóvil. Así, al cabo de 26 cifrados, el primer rotor vuelve a la posición de partida. Y ahora viene lo bueno: cuando el primer rotor efectúa una vuelta completa, el segundo rotor gira una posición. Entonces, Enigma no volverá a transformar una *a* en una *T*, sino en otra letra distinta, porque al haber girado el segundo rotor, se utilizará un alfabeto cifrado diferente. El segundo rotor sólo volverá a girar otra posición cuando el primer rotor efectúe otra vuelta completa, de forma análoga al funcionamiento del cuentakilómetros de un coche.

De repente, tenemos una sustitución polialfabética, pero con $26 \times 26 = 676$ alfabetos cifrados distintos. Es decir, si cifrásemos un mensaje con la misma letra, obtendríamos un mensaje cifrado que se repetiría cada 676 caracteres. Pero la máquina Enigma no llevaba dos, sino tres rotores, por lo que el número total de posibles alfabetos cifrados era de $26 \times 26 \times 26 = 17\,576$.

Uno estaría tentado de añadir más y más rotores para aumentar la seguridad de la máquina Enigma, pero eso haría que su tamaño y su peso crecieran demasiado. Antes que convertirla en un tanque, había que pensar en otra cosa.

Ésta es una versión de las muchas que existen de Enigma.

Una infinidad de claves

Así lo hizo Scherbius, quien todavía tenía un par de ases bajo la manga para aumentar el número de claves posibles. El primero de ellos fue añadir un clavijero entre el teclado y el primer rotor. El clavijero permite que se intercambien pares de letras antes de que entren en el primer rotor. Si inicialmente la tecla *a* llegaba al contacto 1 y la tecla *b* lo hacía al 2, el clavijero permitía intercambiar una por otra, de forma que si se presionaba la tecla *b*, ésta recorrería el camino que antes hacía la tecla *a*, y viceversa. El operador de Enigma tenía seis cables, lo que significaba que se podían intercambiar seis parejas de letras, dejando el resto —14 letras— intactas. Esto aumenta enormemente el número de claves posibles, porque existen muchas maneras de intercambiar seis parejas de letras de entre 26 candidatas. En concreto, hay 100 391 791 500 posibilidades.

> Al añadir un clavijero entre el teclado y el primer rotor, el número de claves aumentó

Como remate, Scherbius consiguió que los rotores se pudieran sacar y fueran intercambiables. Así, el primer rotor, con todo y su cableado interno, podía ser movido a la tercera posición, mientras que el tercer rotor iba a la primera posición. Hay seis maneras diferentes de disponer los tres rotores, de modo que esta nueva capacidad de Enigma multiplicaba por seis el número de claves posibles.

Ahora que conocemos las características principales de la máquina, podemos calcular el número total de claves, multiplicando el número de posibilidades distintas de cada elemento de la máquina:

Orientaciones de los rotores		Disposición de los rotores		Clavijero		Total de claves
17576	x	6	x	100391791500	=	10586314413675000

Es decir, ¡más de 10000 billones de claves distintas! Scherbius no bromeaba cuando decía que su máquina era inexpugnable.

Manual de instrucciones

A pesar de la complejidad interna de la máquina Enigma, su manejo es bien sencillo: una vez que el operador dispone la configuración inicial —el orden y la posición inicial de los rotores y las conexiones del clavijero—, sólo debe teclear el texto por cifrar. Cada vez que una tecla es pulsada se ilumina su letra equivalente en el texto cifrado. Entonces se apuntan las letras que se van encendiendo y el mensaje está listo para ser transmitido.

El número de claves potenciales de la máquina Enigma es tan grande que si todos los habitantes de la Tierra trabajaran día y noche revisando una configuración por minuto, necesitarían más tiempo que la edad del Universo para poder comprobar todas las posibles combinaciones.

El total de claves posibles de la máquina Enigma supera los 10000 billones

Una vez recibido el mensaje, para descifrarlo sólo hay que introducir las letras en la máquina y, al igual que antes, anotar las que se encienden, siempre que la configuración inicial de la máquina sea idéntica a la utilizada al cifrar la información. Esto es posible gracias a la inclusión del reflector, que permite que la misma clave —la misma configuración inicial— que se utiliza para cifrar sirva para descifrar. El reflector está colocado a continuación del tercer rotor y, al igual que éste, tiene cableado interno, aunque no gira. Cuando el reflector recibe la señal entrante, la devuelve a través de los mismos tres rotores, pero por una ruta diferente, de tal manera que si se presionaba la tecla *a* se obtendría una *U*, pero si se hubiese presionado la *u* se obtendría una *A*, porque el camino que recorrería la corriente es el mismo pero a la inversa. Esto es lo que hace que el cifrado y el descifrado sean simétricos.

Como decía el manual de instrucciones de Enigma: "En apenas unos minutos, cualquier principiante puede aprender a cifrar y descifrar con perfecta seguridad".

Cada rotor de Enigma tiene grabado un alfabeto en su borde externo, que permite que el operador lo sitúe en una orientación particular. Por ejemplo, la "clave del día" SXW, significa girar el rotor de la primera ranura hasta que aparezca la S, hacer lo mismo en el segundo para que quede la X, y en el tercero para dejar la W.

Hoy en día las réplicas de la máquina Enigma se encuentran en exposición.

La clave está en la clave

Varsovia.

A principios de 1926, los criptoanalistas británicos de la Sala 40 empezaron a interceptar mensajes de la marina alemana que les causaron mucha inquietud. A pesar del esfuerzo que ponían en ello, no eran capaces de descifrarlos. Ni siquiera la ayuda de estadounidenses y franceses mejoraba los resultados, y pronto se abandonó la esperanza de lograrlo. La máquina Enigma, con sus diabólicos rotores y sus billones de claves posibles, parecía imposible de vencer.

Aprovechándose de la fortaleza de Enigma, el ejército alemán empezó a enviar miles de mensajes diariamente. Para cifrarlos, los operadores de Enigma recibían a principio de cada mes un libro de claves donde se indicaba la clave para cada día de ese mes. La "clave del día" significaba establecer las posiciones del clavijero, así como la disposición y la orientación de los rotores. Para mayor seguridad, los alemanes decidieron usar una clave distinta para cifrar cada nuevo mensaje. Esta "clave de mensaje" sólo cambiaba la orientación de los rotores, manteniendo las mismas posiciones del clavijero y la disposición de los rotores, de la siguiente manera:

1. A primera hora de la mañana, el emisor prepara-

ba la máquina según la "clave del día", que incluía una determinada orientación de los tres rotores, por ejemplo: *SXW*.

2. A continuación, el emisor elegía una nueva orientación de los rotores para la "clave de mensaje", digamos, *KJH*.

3. Luego cifraba *KJH* según la "clave del día", y lo hacía dos veces para evitar errores de transmisión. Es decir, el emisor cifraba *KJHKJH*, que podría resultar, por ejemplo, *PDUTRX*.

4. Por último, el emisor cambia la orientación de los rotores a la nueva disposición *KJH*, cifra el mensaje propiamente dicho según esta "clave de mensaje" y envía todo (*PDUTRX* + mensaje cifrado) al receptor.

El receptor, que tiene su máquina dispuesta según la "clave del día" —*SXW*—, descifra las seis primeras letras del mensaje, *PDUTRX,* y obtiene *KJHKJH*. Entonces, el receptor debe reajustar sus rotores a la orientación *KJH*. Una vez que lo ha hecho, ya puede teclear en Enigma el resto del mensaje y descifrarlo.

Invasión alemana de Polonia, en septiembre de 1939.

Esta idea, en apariencia ingeniosa, demostró más tarde ser un grave error. Los alemanes repetían en cada mensaje la misma secuencia de letras, la "clave del mensaje", cifrada con la misma clave, la "clave del día". Y ya sabemos que la repetición es enemiga de la seguridad y amiga de los criptoanalistas.

El joven Rejewski fue un dotado matemático.

El contraataque polaco

Históricamente, Polonia había sido el vecino débil de Alemania. Sin embargo, después de recuperar su soberanía al terminar la Primera Guerra Mundial, no estaba dispuesta a perderla fácilmente. Una manera de prevenir futuros peligros era poder descifrar las comunicaciones alemanas. Por eso, la aparición de la máquina Enigma se convirtió en una seria amenaza.

> La teoría de grupos estudia las propiedades de éstos, entre las cuales se encuentran las permutaciones

El ejército de tierra, las fuerzas aéreas y la marina alemanas tenían cada uno su propia red de comunicaciones y usaban máquinas Enigma diferentes. De todas ellas, la marina usaba la versión más compleja, con la que se podía elegir entre ocho rotores y en la que el reflector giraba.

Para atacar a Enigma, la oficina de cifras polaca contrató a una nueva generación de jóvenes matemáticos, que se encargaba de rastrear los mensajes interceptados en busca de pistas. Uno de ellos, Marian Rejewski, era experto en una rama de las matemáticas que se llama teoría de grupos. Como su propio nombre indica, la teoría de grupos estudia las propiedades de los grupos, entre las cuales se encuentran las permutaciones. Una permutación consiste, básicamente, en modificar el orden de los elementos de un grupo. Por ejemplo, barajar las cartas es una permutación, porque hay un cambio en el orden. Un anagrama es otro ejemplo de permutación: las letras que estaban en un orden determinado se acomodan de otra manera para formar una palabra distinta.

Rejewski se dio cuenta de que la máquina Enigma hacía lo mismo. Cada letra del alfabeto llano se convertía en una distinta, debido a las diversas transformaciones que sufría al atravesar el corazón de Enigma (clavijero, rotores y reflector). Por lo tanto, Enigma era, en esencia, una máquina que permutaba letras. Rejewski pensó que podría aprovechar sus conocimientos de teoría de grupos para adivinar la clave o, al menos, simplificar su búsqueda.

Rejewski fue la primera persona en la historia que aplicó con éxito conceptos matemáticos en el criptoanálisis. Ése fue su gran mérito, y para el historiador David Kahn, este sensacional logro lo eleva directamente al panteón de los más grandes criptoanalistas de todos los tiempos.

El primer reto era plantear el funcionamiento de la máquina Enigma en términos de permutaciones. Rejewski lo consiguió, pero resultó que no era suficiente. Para simplificar las ecuaciones que había obtenido necesitaba más información. Entonces se le ocurrió intentar sacar partido del único punto débil conocido de la máquina Enigma: el hecho de que la "clave del mensaje" era cifrada dos veces al principio de cada mensaje mediante la "clave del día". Así que se centró en esas seis letras, sabiendo que la primera y la cuarta, la segunda y la quinta, y la tercera y la sexta eran letras iguales en la clave.

Después de un día entero interceptando mensajes, podía escribir un alfabeto de relaciones entre estas parejas de letras. Por ejemplo, para la primera y la cuarta:

Primera letra:	A	B	C	D	E	F	G	H	I	J	K	L	M	N	O	P	Q	R	S	T	U	V	W	X	Y	Z
Cuarta letra:	T	G	U	N	Z	X	Q	R	K	S	V	F	E	B	J	L	C	D	Y	W	H	O	A	M	I	P

Rejewski se dio cuenta de que podía formar cadenas entre estas letras de la siguiente manera. En el ejemplo, la *A* de la fila superior está conectada a la *T* de la fila inferior. A su vez, la *T* de la fila superior está conectada a la *W* de la fila inferior. De nuevo, la *W* está conectada con la *A*, que es la misma por la que empezamos. Y aquí se cierra la cadena. Esta cadena tiene longitud 3, porque hay que realizar tres pasos para volver a la letra inicial. Si hacemos lo mismo con el resto de las letras obtenemos el siguiente cuadro:

Cadena	Longitud
A → T → W → A	3
B → G → Q → C → U → H → R → D → N → B	9
E → Z → P → L → F → X → M → E	7
I → K → V → O → J → S → Y → I	7

Luego repitió este mismo proceso para las otras parejas de letras, la segunda y la quinta por un lado, y la tercera y la sexta, por el otro, generando así más cadenas y anotando la longitud de cada una.

Gracias a este tipo de relaciones, Rejewski pudo resolver las ecuaciones y llegar a una conclusión fundamental: la longitud de las cadenas depende únicamente de la posición de los rotores, y no tiene nada que ver con las posiciones del clavijero.

¿Por qué es tan importante este resultado? Porque el número total de posiciones de los rotores es el producto del número de disposiciones de los rotores (6) por el número de sus orientaciones posibles (17 576), lo que hace un total de 105 456 posibilidades distintas. Este número es grande, pero si lo comparamos con el número total de claves, resulta que es muchísimo más pequeño. De un plumazo, Rejewski había simplificado la tarea ¡100 000 millones de veces!

Vista de París ocupada por el ejército alemán en la Segunda Guerra Mundial.

A pesar de eso, aún les quedaba un duro trabajo por delante a Rejewski y su grupo: probar cada una de las 105 456 posiciones de los rotores y anotar la longitud de las cadenas generadas por cada una de ellas. Este penoso trabajo les costó todo un año, pero el esfuerzo mereció la pena. Ahora Rejewski esperaba impaciente la llegada de los mensajes interceptados para poder completar las cadenas de relaciones y sus longitudes entre las seis primeras letras. Entonces, sólo tenía que consultar su recopilación, como quien consulta cualquier catálogo, buscar la entrada que encajaba con esos datos, y ya tenía la disposición de los rotores para ese día.

Para identificar la clave entera, sólo quedaba establecer las posiciones del clavijero. El clavijero permite un número enorme de conexiones, mucho mayor que los rotores, pero es una simple sustitución monoalfabética parcial. Rejewski empezaba quitando los cables del clavijero para que éstos no tuvieran ningún efecto. Luego tecleaba el mensaje cifrado en Enigma. Una parte no tenía sentido, pero algunas palabras solían reconocerse, lo que permitía reconstruir el texto e identificar las parejas de letras intercambiadas. Por ejemplo, si al introducir el texto el mensaje resultaba ser "llegan rezuerfos", significaba que la *z* y la *f* estaban intercambiadas.

Al grito de "divide y vencerás", Rejewski simplificó la búsqueda de la clave separándola en dos problemas: encontrar las orientaciones de los rotores y encontrar las posiciones del clavijero. Así, después de mucho trabajo, las comunicaciones alemanas volvieron a ser transparentes. Gracias a las matemáticas y, en cierta medida, a la torpeza alemana, Enigma había sido derrotada.

Sin embargo, la alegría duró bien poco. Justo antes del inicio de la Segunda Guerra Mundial, los alemanes introdujeron dos rotores más (ahora había cinco, de los cuales se elegían tres) y añadieron cables adicionales al clavijero. Estas mejoras de seguridad multiplicaron las posibles claves y convirtieron de nuevo a Enigma en una máquina indescifrable.

En algunas ocasiones, los operadores alemanes escogían claves de mensaje obvias, por ejemplo, tres letras consecutivas del teclado de Enigma, como QWE o XCV. Estas claves previsibles se llamaron *cillies*, al parecer porque un operador alemán usaba continuamente como clave las iniciales de su novia, que eran C.I.L.

Los cazadores de Bletchley Park

Aunque con sus nuevas características Enigma era miles de veces más difícil de atacar, algo había cambiado. Durante años, los británicos habían considerado inexpugnable a Enigma, pero los avances polacos les dieron esperanzas. En 1939, la sede de la Escuela Gubernamental de Códigos y Cifras británica se trasladó a una mansión en Bletchley Park. Conocida en clave como Estación X, allí se inició una batalla contra Enigma cuyo resultado iba a ser vital para el futuro de la Segunda Guerra Mundial.

Si el ataque polaco fue posible gracias a un "defecto" en la forma de usar la máquina Enigma, los criptoanalistas de Bletchley Park consiguieron descubrir nuevas debilidades. Por ejemplo, los alemanes decidieron que ningún rotor podía permanecer en la misma posición dos días seguidos. Así, si llamamos 1, 2, 3, 4 y 5 a los cinco rotores, una configuración válida sería 1-2-5, y al día siguiente podríamos tener 2-3-4, pero nunca 2-3-5, porque en tal caso el rotor 5 permanecería en la misma posición por segundo día consecutivo.

Otra de las reglas impuestas por los libros de claves de Enigma era que las posiciones del clavijero no podían incluir el intercambio entre una letra y otra contigua a ella en el alfabeto. Esto implicaba que la letra *E* podía intercambiarse con cualquier otra letra a excepción de la *D* y la *F*. Si estas reglas pretendían evitar caer en lo "previsible", consiguieron justo el efecto contrario: reducir el número de claves potenciales y facilitar la tarea del criptoanalista.

Está claro que el componente más débil de Enigma era el humano. Y su mayor enemigo también, porque el inglés Alan Turing encontró, sin "ayuda" de los alemanes, su talón de Aquiles y lo atacó sin piedad.

Puntales y rizos

La gran labor de Rejewski abrió una brecha en la seguridad de Enigma gracias a que los alemanes cifraban cada clave de mensaje dos veces. Pero ¿qué pasaría cuando éstos se dieran cuenta de su error y dejaran de cometerlo? El trabajo del matemático Alan Turing consistía precisamente en encontrar una manera alternativa de atacar Enigma, que no dependiera de la repetición de la clave.

Turing se dedicó a estudiar los miles de mensajes cifrados interceptados, y se dio cuenta de que algunos de ellos seguían una estructura determinada. Por ejemplo, a las seis de la mañana los alemanes tenían la costumbre de enviar un parte meteorológico para informar a las fuerzas aéreas. Así, si se interceptaba

La reputación de los criptoanalistas de Bletchley Park (en la foto) es legendaria.

Siempre se había pensado que los mejores criptoanalistas eran expertos lingüistas, pero la llegada de la máquina Enigma obligó a cambiar esa mentalidad. Enigma se podía atacar como una cifra matemática, por lo que una mente científica tendría más posibilidades de éxito. Por eso se empezó a reclutar a matemáticos para vencer a este tipo de máquinas.

un mensaje cifrado poco después de las seis, era muy probable que incluyese la palabra *wetter*, "tiempo" en alemán. Otras veces, la inteligencia británica informaba de la visita de un alto cargo alemán a una ciudad. Entonces era de esperar que apareciese su nombre en alguno de los mensajes que se enviaran desde allí. Esto es lo que Turing llamó "puntales": palabras o partes del texto llano que se pueden asociar a una parte de un texto cifrado por simple suposición.

Imagínate que el mariscal Rommel, el "Zorro del Desierto", va a visitar la ciudad libanesa de Tobruk durante la campaña de África, y se intercepta un mensaje en el que suponemos que aparece su nombre. No sólo eso, sino que también suponemos en qué lugar del mensaje aparece. Quizá es mucho suponer, pero en cualquier caso vamos a centrarnos en estas seis letras:

Posiciones de Enigma	p	p+1	p+2	p+3	p+4	p+5
Texto llano supuesto	r	o	m	m	e	l
Texto cifrado	O	L	E	C	Y	R

Alan Turing dedicó gran parte de su carrera a estudiar mensajes cifrados interceptados.

Esto sería un "puntal". A primera vista, no tiene nada de extraordinario. Más bien parece que estamos dando palos de ciego: no sabemos con seguridad si la palabra realmente aparece en el texto y, si aparece, en qué posición está. Así son los puntales. Pero pensemos por un momento que nuestra intuición, basada en la experiencia acumulada tras miles de mensajes interceptados al enemigo, está en lo cierto. En tal caso podemos extraer mucha información de esta tabla. Si nos fijamos en las letras del ejemplo tenemos que:

En la posición p, Enigma cifra *r* como *O*.

En la posición p+1, Enigma cifra *o* como *L*.

En la posición p+5, Enigma cifra *l* como *R*.

Donde p es la posición de los rotores de Enigma en el momento en que se empieza a cifrar el "puntal", posición que desconocemos.

¿No te resultan familiares estas relaciones? ¿Algo que hemos visto hace poco? ¿En el capítulo anterior, para más pistas? ¡Sí, las cadenas de Rejewski! En efecto, Turing se dio cuenta de que algunos tipos de "puntales" contenían cadenas parecidas a las de Rejewski, pero que en esta ocasión no tenían nada que ver con la clave. Los "rizos", como bautizó Turing a esas cadenas, conectaban letras del texto llano con letras del texto cifrado en un "puntal".

En Bletchley Park llegaron a vivir 700 hombres y mujeres de lo más variopinto. Había científicos, matemáticos, lingüistas, políglotas, un experto en porcelana, aficionados al *bridge* y el campeón británico de ajedrez. Todos ellos tenían una cosa en común: el deseo de derrotar a la máquina Enigma.

La Bomba

En ese momento, Turing tuvo una visión. Se imaginó tres máquinas Enigma por separado, cada una tratando de cifrar un elemento del "rizo". Es decir, una intentaría cifrar *r* como *O*, la segunda *o* como *L*, y la última, *l* como *R*. Las tres máquinas Enigma tendrían la misma configuración inicial, salvo que la segunda tendría su primer rotor un lugar por delante de la primera (posición p+1), y la tercera tendría el suyo avanzado cinco lugares (posición p+5), de acuerdo con las posiciones de la tabla anterior. Además, si seguimos los "rizos" del "puntal", resulta que la letra cifrada de un "rizo" coincide con la letra llana del siguiente "rizo". Análogamente, el dispositivo de salida de una máquina estaría conectado al dispositivo de entrada de la siguiente, y el de la última con el de la primera. En esta situación, las tres máquinas empezarían a funcionar, con sus juegos de rotores avanzando al mismo tiempo, pero siempre manteniendo el desfase inicial, hasta que las posiciones de las tres máquinas fuesen las deseadas. En ese momento, el circuito eléctrico se cerraría, los rotores se detendrían y se encendería un foco. ¡Eureka!

Vista lateral del interior de la Bomba.

Versión estadounidense de la Bomba, contrincante británica de la alemana Enigma.

Pero eso no era lo mejor. Hasta el momento no hemos hablado para nada del clavijero, sencillamente porque no tiene ninguna influencia. El circuito de Turing estaba diseñado de tal manera que contrarrestaba el efecto del clavijero. Entonces, si los rotores cambiaban de orientación cada segundo, sólo se tardarían unas cinco horas en comprobar las 17 576 posibilidades. Obtener más adelante las posiciones del clavijero, como hizo Rejewski, no supondría mayor dificultad.

En 1942, el *Daily Telegraph* publicó una carta en la que se desafiaba a resolver el crucigrama del diario. Los lectores que contestaron fueron invitados a completar otro crucigrama. Cinco de ellos lo terminaron en el tiempo asignado y a otro sólo le quedó una palabra. Semanas después, los seis fueron invitados a colaborar en Bletchley Park.

¿Y si terminaba la prueba sin que el foco se encendiese? Eso querría decir que la disposición de los rotores no era la correcta y que habría que probar otra combinación. Recuerda que había cinco rotores distintos para tres posiciones, lo que hace un total de 60 posibles disposiciones.

Con la ayuda de un equipo de ingenieros, la máquina de los sueños de Turing se transformó en realidad y fue bautizada con el nombre de la Bomba. A partir de los "rizos" de un "puntal", esta genial máquina exploraba todas las posibles combinaciones generadas por la máquina Enigma, hasta dar con su configuración inicial. Para acelerar el proceso, se fueron construyendo más y más "bombas" en Bletchley Park; cuando terminó la guerra había por lo menos 200 trabajando sin parar. A pesar de eso, los criptoanalistas de Bletchley Park nunca tuvieron tiempo de aburrirse, porque antes de poner a trabajar la Bomba había que tomar difíciles decisiones con respecto a los "puntales". Recordemos, una vez más, que los "puntales" se obtienen por medio de meras conjeturas, en las que no siempre se acierta. Pero la verdad es que a partir de entonces el trabajo de descifrar mensajes se convirtió en algo "rutinario".

Tras años al acecho, los cazadores de Bletchley Park habían capturado por fin a su presa.

Después de la guerra, Alan Turing ideó un test que sirve para probar si una máquina puede tomar decisiones y pensar como una persona. El Test de Turing planteaba que si una persona no puede distinguir una respuesta dada por un ser humano y una dada por una máquina, entonces la máquina era "inteligente".

Los héroes anónimos

La victoria intelectual de los inquilinos de Bletchley Park sobre la máquina Enigma mereció ocupar el mismo lugar en la historia que hazañas como la batalla de Stalingrado o el desembarco en Normandía. Sin embargo, los criptoanalistas de Bletchley Park se mantuvieron en el anonimato después de la Segunda Guerra Mundial, debido al interés de Gran Bretaña por continuar con sus operaciones de inteligencia. Sólo tres décadas más tarde se empezó a hacer justicia a quienes con su trabajo consiguieron que la guerra se acortara y, por lo tanto, que se salvaran miles de vidas en ambos bandos. Por desgracia, para algunos este reconocimiento no llegó a tiempo. El caso más doloroso fue el de una de las mayores figuras de este proceso: Alan Turing, a quien se debe buena parte del éxito colectivo de Bletchley Park. Salvo el círculo de gente con que trabajó, nadie fue consciente de sus extraordinarios logros. En vez de ser aclamado como un héroe, Turing fue perseguido públicamente y juzgado por su homosexualidad, declarada en 1952. Se le prohibió trabajar en proyectos de investigación y se le obligó a seguir un tratamiento hormonal. Con apenas 42 años, y después de dos profundas depresiones, no aguantó más. Se comió una manzana que antes había bañado en cianuro.

Reconocimiento a la labor de los matemáticos Marian Rejewski, Jerzy Rozycki y Henryk Zygalski.

El código navajo

Paisaje característico del territorio navajo, en el suroeste de Estados Unidos.

Uno de los episodios más singulares de la Segunda Guerra Mundial tiene como protagonista a una tribu india descendiente de los apaches: los navajos. Su participación en la guerra fue muy limitada en cuanto a número: en 1942 había apenas 29 navajos en servicio. Sin embargo, su contribución fue vital para su país y salvaron la vida de incontables soldados aliados. Si Alemania creía tener una cifra invencible en la máquina Enigma, Estados Unidos demostró que su código navajo sí que era inexpugnable.

Una misma vocal en lengua navaja puede tener hasta diez sonidos distintos

La idea de usar la lengua navaja como código secreto fue de Philip Johnston. Hijo de una pareja de misioneros, Johnston creció en la reserva de los indios navajos en Arizona. Cuando era un niño aprendió la lengua de los navajos y con apenas cinco años ya servía de traductor a sus padres. A los nueve años, en vez de andar en bicicleta y jugar al beisbol, acom-

pañó como intérprete a una delegación de navajos enviada a Washington D.C., a reclamar los derechos de los indios. Johnston era una de las contadas personas en el mundo que conocía la lengua de los navajos sin ser uno de ellos.

Durante la Segunda Guerra Mundial, los criptoanalistas japoneses estaban metiendo en apuros a Estados Unidos en la campaña del Pacífico. Johnston, que era un veterano de la Primera Guerra Mundial, pensaba que la lengua navaja sería casi imposible de descifrar para el enemigo. Los indios navajos vivían en grupos aislados, por lo cual era muy difícil acceder a ellos. Además, esta lengua no estaba escrita y es tan compleja que es muy difícil de aprender. Una sola vocal puede tener hasta diez sonidos diferentes. Conocer otras lenguas indias tampoco es muy útil para aprender navajo, porque la lengua navaja es muy diferente del resto.

Finalmente, Johnston ofreció su idea al ejército y, a pesar de las dudas iniciales, consiguió hacer una demostración. En condiciones normales, cifrar un mensaje letra a letra, enviarlo y volver a descifrarlo letra a letra era un proceso que podía tardar media

El equipo navajo envió incontables mensajes secretos en su idioma.

Vivienda navaja en Utah.

hora. Simulando una situación de combate, cuatro indios navajos se enviaron mensajes entre sí en menos de un minuto. El mando quedó francamente impresionado.

Una vez aceptado el código navajo, el primer desafío era crear un vocabulario de términos militares. En la mayoría de los casos, se utilizaron palabras del lenguaje navajo que tuvieran alguna conexión descriptiva o en sentido figurado; por ejemplo, nombres de pájaros para los aviones y de peces para los barcos. Así, un avión de caza se transformó en un "colibrí", mientras que un destructor se convirtió en un "tiburón". También se incluyeron en el vocabulario nombres de personas y lugares. Alaska, como es natural, era "con invierno", mientras que Estados Unidos era, sencillamente, "nuestra madre". En total, casi 300 palabras fueron codificadas. Tal cantidad no supuso ningún problema para los navajos, ya que al no tener forma escrita su lengua, estaban acostumbrados a memorizarlo todo. Después de varios meses de formación, el primer grupo de indios navajos estaba listo para la acción.

Para deletrear las palabras difíciles de la lengua inglesa se creó un alfabeto codificado, en el que se emparejaba una palabra en inglés con cada letra del abecedario, y luego se usaba la palabra en navajo. Por ejemplo, *ant* (hormiga) quería decir *a,* y la palabra navajo para hormiga era *wol-la-chee.* Por tanto, *wol-la-chee* significaba *a.*

A mediados de 1942, los indios navajos llegaron por fin al frente de batalla. Al principio, sus primeras comunicaciones fueron un poco traumáticas... para los operadores estadounidenses. Muchos de ellos no tenían ni idea de la existencia de este nuevo código y, cuando escucharon los extraños sonidos guturales que constituyen la lengua navaja, los confundieron con japonés y creyeron que El Imperio del Sol Naciente había ganado la guerra, asumido el mando y capturado sus radios.

Poco a poco los mensajeros navajos fueron demostrando su valía y su reputación se extendió. Conforme crecía la intensidad de la guerra en el Pacífico, su presencia aumentó. En total hubo 420 mensajeros de código navajo que desempeñaron un papel decisivo en la victoria aliada.

Pero después de la guerra su contribución fue silenciada por el gobierno estadounidense y, como ocurrió con los habitantes de Bletchley Park, tuvieron que pasar décadas antes de que se reconociese su labor. Primero, en 1968 el código navajo fue desclasificado y finalmente, en 1982, Estados Unidos declaró el 14 de agosto como "Día Nacional de los Mensajeros de Código Navajo", merecido homenaje a uno de los pocos códigos en la historia que nunca fueron descifrados.

Ya en la Primera Guerra Mundial se había intentado usar una lengua india como código secreto. En aquella ocasión, la lengua elegida fue la de los choctaws. Sin embargo, la idea no funcionó porque los indios sabían muy poco inglés y no tenían terminología equivalente a la de la jerga militar.

Cobertor navajo.

El coloso británico

Hoy en día, Bletchley Park es famoso por ser el lugar donde la máquina Enigma fue vencida, gracias a la labor de los criptoanalistas británicos y al trabajo de la máquina Bomba. Sin embargo, ése no fue el único sistema de cifrado que se resolvió allí, ni la Bomba la única máquina que se utilizó para ello. Los británicos inventaron también otro aparato, el *Colossus*, más potente aún que la Bomba, para enfrentarse a la cifra que utilizaba el mismísimo Hitler con sus generales: la cifra de Lorenz.

La cifra de Lorenz se transmitía con el código Baudot

A diferencia de la máquina Enigma, la cifra de Lorenz no se transmitía mediante el código Morse, sino mediante el llamado código Baudot, el cual consiste en la presencia o ausencia de cinco señales eléctricas consecutivas. Si usamos el 1 para indicar la presencia de la señal eléctrica y el 0 para indicar su ausencia, entonces cada carácter se puede representar mediante combinaciones de cinco cifras, entre unos y ceros. Como hay dos posibles estados para cada uno de los cinco dígitos, el número de permutaciones posibles de este sistema es:

$$2 \times 2 \times 2 \times 2 \times 2 = 2^5 = 32$$

Esto significa que con cinco cifras compuestas sólo por unos y ceros se pueden representar 32 caracteres distintos. En este caso, Baudot los usó para representar las 26 letras del alfabeto, además de seis caracteres especiales.

Los mensajes codificados de esta manera se enviaban mediante una máquina llamada teletipo. Los teletipos disponían de un teclado como el de una máquina de escribir, en la que el operador escribía el mensaje. Entonces, el mensaje se perforaba en una cinta de papel, transformando las letras en agujeros y no-agujeros de acuerdo con el código Baudot (agujero = 1, no-agujero = 0). Después, esos agujeros y no-agujeros se convertían a su vez en señales eléctricas, que eran enviadas al teletipo receptor. Allí se hacía el proceso inverso, perforando el mensaje en una cinta de papel de acuerdo con las señales eléctricas recibidas. De esta manera, una vez que se leía, el mensaje podía guardarse o reenviarse a otro teletipo receptor.

El teclado del teletipo es como el de la máquina de escribir.

NÚMERO DE ORDEN	GRUPO DE BITS	GRUPO DE LETRAS	GRUPO DE FIGURAS
01	00011	A	-
02	11001	B	?
03	01110	C	:
04	01001	D	$
05	00001	E	3
06	01101	F	!
07	11010	G	&
08	10100	H	#
09	00110	I	8
10	01011	J	'
11	01111	K	(
12	10010	L	)
13	11100	M	.
14	01100	N	,
15	11000	O	9
16	10110	P	0
17	10111	Q	1
18	01010	R	4
19	00101	S	'
20	10000	T	5
21	00111	U	7
22	11110	V	; - =
23	10011	W	2
24	11101	X	/
25	10101	Y	6
26	10001	Z	*
27	01000	CR	RETORNO
28	00010	LF	AVANCE DE LÍNEA
29	11111	LTRS	SHIFT
30	11011	FIGS	CAMBIO DE FIGURAS
31	00100	SP	ESPACIO
32	00000	BLK	BLANCO

Plantilla de referencia del código Baudot.

La cifra de Vernam

El código Baudot, como el código Morse, no esconde la información, sino que la codifica de otra manera. Por lo tanto, cualquiera que intercepte un mensaje codificado así podría leer su contenido sin despeinarse. Por eso, Gilbert Vernam inventó en 1917 una máquina para cifrar los mensajes. En apariencia, esta máquina era un teletipo como cualquier otro. La principal diferencia es que no tenía una única cinta de papel, sino tres. En una de ellas, el emisor escribía el mensaje llano como antes, mientras que en otra escribía una clave al azar, esto es, una secuencia de letras sin orden ni concierto, tan larga como el mensaje. La máquina entonces combinaba cada letra del texto llano, escrito con unos y ceros, con otra de la clave, también escrita con unos y ceros, siguiendo este criterio: la combinación de dos símbolos iguales (dos unos o dos ceros) produce un 0, mientras que la combinación de dos símbolos distintos resulta en un 1. Podemos escribir estas reglas de la siguiente manera:

El teletipo convertía los mensajes mecanografiados en señales eléctricas

Émile Baudot (1845-1903) dedicó su vida a aumentar la velocidad de las lentas transmisiones telegráficas. En 1870 inventó su código, que fue usado en todo el mundo para enlaces telegráficos durante más de 70 años. El término "baudio", una medida del número de caracteres transmitidos por segundo, se llama así en su honor.

0 + 0 = 0	0 + 1 = 1
1 + 1 = 0	1 + 0 = 1

El resultado —el mensaje cifrado— se escribía en la tercera cinta, que es la que se enviaba al teletipo receptor. La idea de Vernam es que se utilizara una clave distinta en cada mensaje; de ahí que a este sistema se le conociera como libreta de un solo uso. Veamos un sencillo ejemplo. Imagínate que quieres cifrar una única letra, por ejemplo, la *L*. La clave debe ser de la misma longitud que el mensaje, así que en este caso basta elegir una sola letra al azar, digamos la *C*. Lo primero es codificar *L* y *C* con los unos y ceros del código Baudot. Consultando la tabla, resulta que $L = 10010$ y $C = 01110$. Ahora combinemos ambas letras dígito a dígito, de acuerdo con las reglas de Vernam:

$$\begin{array}{r} 10010 \\ 01110 \\ \hline 11100 \end{array}$$

El resultado es 11100, que es *M*. Esto significa que $L + C = M$ y, por lo tanto, *L* se cifra como *M*. Entonces, los unos y ceros que componen *M* se transmitirían al receptor en forma de señales eléctricas. Una vez que el receptor ha recibido el mensaje cifrado, simplemente tiene que combinar *M* con la clave *C* y entonces:

$$\begin{array}{r} 11100 \\ 01110 \\ \hline 10010 \end{array}$$

¡Que es de nuevo *L*! Luego resulta que $M + C = L$. Con las reglas de Vernam, el cifrado y el descifrado se realizan de la misma manera: si combinamos el texto llano con la clave, obtenemos el texto cifrado, y si combinamos el texto cifrado con la clave, conseguimos el texto llano. ¿Curioso, verdad? Pues aquí no acaban las sorpresas, porque ¿qué crees que puede pasar si combinamos *M* y *L*?

Poco después de la Primera Guerra Mundial, los alemanes ya se interesaban por la cifra de Vernam, y la pusieron en práctica en las comunicaciones secretas con sus embajadas. Para que fuese más manejable, hicieron el sistema de cifrado manual, dándole la forma de una diminuta libreta llena de líneas con números aleatorios.

11100
10010
01110

¡Pues que obtenemos *C*, la clave! O sea, que $M + L = C$: al combinar el texto llano con el cifrado, obtenemos la clave.

Cuando los criptoanalistas de Bletchley Park se enfrentaron a la máquina Enigma, contaban con varios ejemplares capturados al enemigo. Sin embargo, jamás vieron una máquina de Lorenz, lo que convierte su criptoanálisis en una proeza formidable.

La idea era que se utilizara una clave distinta en cada mensaje; esto se conoce como libreta de un solo uso

En la práctica, este sistema tiene un problema. Para poder cifrar y descifrar mensajes, el emisor y el receptor deben usar la misma clave, que sólo se puede utilizar una vez y además debe ser aleatoria. Descartamos enviar la clave porque hay muchas posibilidades de que sea interceptada por el enemigo.

Artilleros franceses en un búnker subterráneo durante la Segunda Guerra Mundial.

Entonces, ¿cómo se puede conseguir que emisor y receptor generen en cada mensaje una clave al azar y que sea la misma? ¿Y si en vez de un único emisor y receptor tenemos miles?

La máquina de Lorenz

Cuando comenzó la Segunda Guerra Mundial, en 1939, el alto mando del ejército alemán diseñó una máquina extremadamente compleja que resolvía el problema anterior: la máquina de Lorenz.

> Los alemanes idearon una ingeniosa máquina cifradora, pero se les escapó un detalle

Todas las tareas en Bletchley Park se llevaban a cabo en cobertizos designados por números. Así, el número 8 se dedicaba al criptoanálisis de la Enigma naval, mientras que el número 6 lo hacía con la de la armada y las fuerzas aéreas. Todos los mensajes descifrados pasaban por los cobertizos 3 y 4, donde se traducían y analizaban.

Se trata básicamente de una máquina de Vernam a la que se le habían añadido 12 rotores en los que estaban distribuidos de forma irregular 501 dientes. Su funcionamiento era el siguiente: el mensaje llano se escribía en un teletipo, que lo convertía en una cinta de papel con sus agujeros y no-agujeros habituales. Entonces, la cinta entraba en la máquina de Lorenz. Allí, los cinco primeros rotores (llamados rotores K) cifraban el mensaje una vez y los cinco segundos rotores (los rotores S) cifraban el mensaje por segunda vez. Para complicar más la cosa, los dos rotores adicionales hacían que este segundo juego se detuviese y volviese a arrancar de forma intermitente. La posición inicial de los rotores se tomaba de libros de códigos sofisticados compuestos de números de 12 dígitos que sólo se usaban para una transmisión. De esta manera se cumplían las dos condiciones de Vernam: la clave era aleatoria y además sólo se usaba una vez.

El funcionamiento de la máquina de Lorenz era ingenioso, pero había un detalle que se les había escapado a los alemanes. Una máquina de este tipo no puede generar caracteres verdaderamente aleatorios, sino sólo caracteres que "parecen" ser aleatorios. Detrás de esa serie de unos y ceros hay un patrón, ciertamente muy complejo, pero que sigue unas pautas que acaban repitiéndose. Cualquier error en el proceso de cifrado podría dar pistas a un criptoanalista tenaz que se hubiera propuesto descubrir el funcionamiento de la máquina de Lorenz.

Cómo funciona la máquina de Lorenz

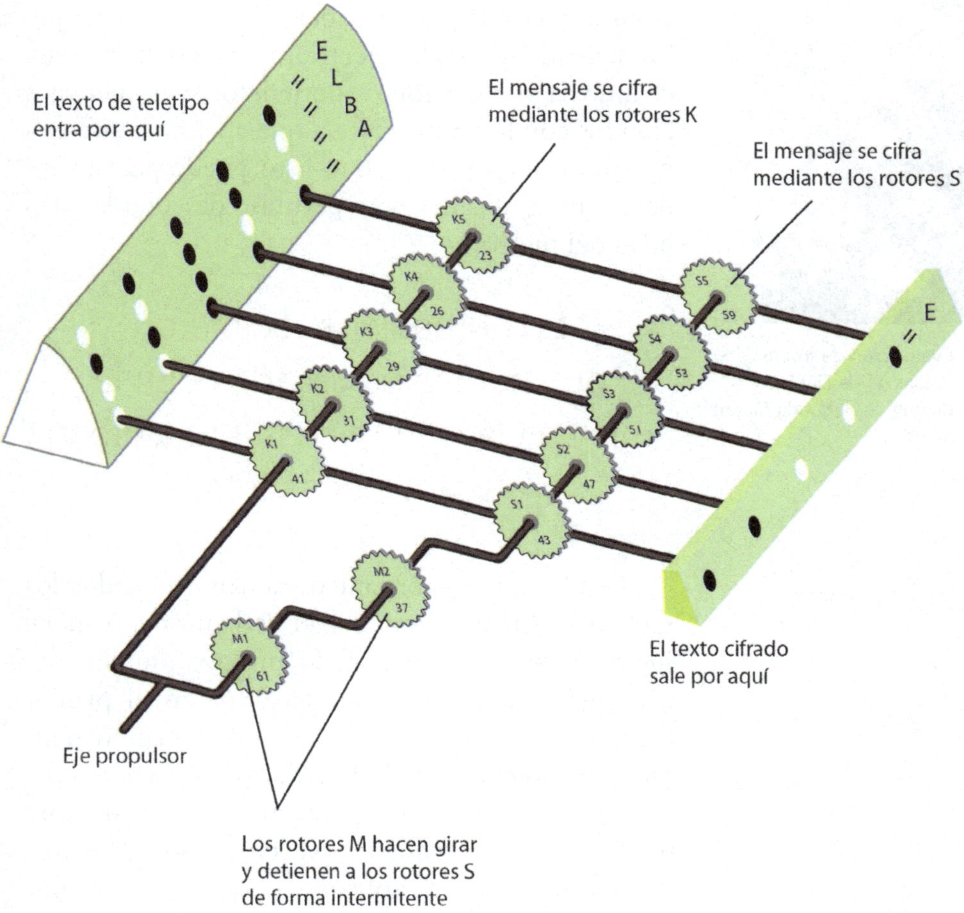

Un feliz desliz

El error llegó a mediados de 1941. Al parecer, un operador alemán acababa de enviar un mensaje de más de 4 000 caracteres cuando el receptor le pidió que lo repitiese. Entonces, el operador alemán debió de sufrir un ataque de pereza, porque lo envió de nuevo con la misma clave, algo que estaba prohibido. De todas maneras, si hubiera transmitido exactamente el mismo mensaje no hubiese pasado nada, porque los aliados habrían interceptado dos copias del mismo mensaje. Pero tampoco hizo eso. Posiblemente molesto por tener que repetir el mensaje, decidió abreviar algunas palabras. El resultado es que los británicos —que efectivamente estaban escuchando la transmisión— obtuvieron dos mensajes cifrados con la misma clave y que apenas se diferenciaban en unas pocas letras. Esto puede parecer un detalle insignificante, pero permitió descifrar la totalidad del mensaje.

Evacuación de tropas británicas de Dunkerque durante la Segunda Guerra Mundial.

Los británicos recibieron dos mensajes cifrados con la misma clave, que se diferenciaban en muy pocas letras

Resulta que los británicos sabían que todos los mensajes alemanes empezaban de la misma manera: *spruchnummer*, o lo que es lo mismo: "número de mensaje". Así lo envió el operador en el primer mensaje. Sin embargo, en el segundo mandó *spruchnr*, una abreviación de lo anterior. ¿Y eso es suficiente para poder descifrar el mensaje? Sí, siempre que se utilice la misma clave en ambos mensajes, como hizo nuestro holgazán operador. Lo mejor será comprobar nosotros mismos si es posible descifrar el mensaje. Imagínate que acabas de recibir dos mensajes cifrados con la misma clave:

Mensaje 1:	01001 01010 11001 11011 11100 10100 11100 11111 10001
Mensaje 2:	01001 00111 11101 10011 01110 01001

Además, sabemos que estos mensajes que hemos interceptado deben empezar siempre con la palabra "número" seguida del número del mensaje en cuestión. Con estos datos, ¿serías capaz de decir cuál es el número de los mensajes que hemos capturado?

Las primeras señales de teletipos transmitidas por los alemanes se escucharon en 1940 en la costa sur de Inglaterra. Desde entonces, los criptógrafos británicos se refirieron al tráfico alemán de estos mensajes como *fish* (pez), y llamaron a la máquina de Lorenz *tunny* (atún).

Centrémonos en el primer mensaje y supongamos, como acabamos de decir, que las seis primeras letras se corresponden con la palabra "número". En tal caso, tenemos un mensaje cifrado del que sabemos parte del mensaje llano. Entonces podemos combinar ambos para obtener la clave con la que se ha cifrado esa parte del mensaje. Si pasamos las seis letras de "número" a los unos y ceros del código Baudot, tenemos lo siguiente:

Mensaje cifrado 1:	01001	01010	11001	11011	11100	10100
Mensaje llano 1:	01100	00111	11100	00001	01010	11000
Clave:	00101	01101	00101	11010	10110	01100

Veamos qué podemos obtener del segundo mensaje con esto. Como la clave es la misma en ambos mensajes, ahora podemos aplicar la parte de la clave que hemos obtenido del primer mensaje en el segundo mensaje cifrado, y entonces:

Mensaje cifrado 2:	01001	00111	11101	10011	01110	01001
Clave:	00101	01101	00101	11010	10110	01100
Mensaje llano 2:	01100	01010	11000	01001	11000	00101
Mensaje llano 2:	N	R	O	D	O	S

Que consultando la tabla resulta ser NRODOS. Entonces podemos pensar que NRO es una abreviatura de "número", como *spruchnr* lo es de *spruchnummer.* Y por lo tanto, el número del mensaje es el dos. En definitiva, ahorrarse tres letras en el segundo mensaje ha dejado al descubierto otras tres.

El teletipo fue usado habitualmente por los periodistas, ya que era una forma de enviar las noticias mucho más rápida que el código Morse. Aún hoy se llama teletipos a las noticias de último momento, aunque se reciban en una computadora y los teletipos reales hayan desaparecido hace mucho tiempo.

El error de los alemanes reveló a los británicos el funcionamiento de la máquina de Lorenz

Si ambos mensajes cifrados fuesen más largos, entonces podríamos repetir de nuevo el proceso, empezando con "númerodos" en vez de "número", y así obtendríamos otras tres letras más del segundo mensaje cifrado. Al hacerlo una y otra vez, al final también conseguiríamos descifrarlo, aunque con mucho más esfuerzo.

El coloso

Este feliz desliz permitió a los criptoanalistas de Bletchley Park mucho más que descifrar un simple mensaje. Al ser tan largo, también consiguieron adivinar cómo funcionaba exactamente la máquina de Lorenz. Es decir, aunque ignorasen los detalles internos de la máquina (cuántos rotores tenía o cómo estaban distribuidos sus dientes), llegaron a entender cómo transformaba el texto llano en texto cifrado, que era lo importante.

Réplica de la máquina *Colossus* monitoreada por científicos alemanes.

Claro que para poder descifrar los mensajes era necesario saber cuál era la configuración inicial de la máquina en cada mensaje, es decir, las posiciones iniciales de los rotores. Para eso, idearon una forma de atacar los mensajes cifrados de la máquina de Lorenz. El problema era que tenían que tratar una gran cantidad de datos y realizar muchísimos cálculos.

Vista aérea del desembarco en Normandía, la mayor operación de invasión por mar de toda la historia.

Hacerlo a mano llevaba varios días, y para entonces el mensaje descifrado no sería de gran ayuda. Finalmente, Max Newman, un matemático de Bletchley Park, diseñó una manera de mecanizar el criptoanálisis de la máquina de Lorenz, y un equipo comandado por el ingeniero Tommy Flowers fue el encargado de hacer realidad el proyecto a finales de 1943. La máquina que construyeron era tan impresionante que se llamó como la estatua griega de Rodas, *Colossus*, una de las siete maravillas del mundo antiguo y legendaria por su descomunal tamaño.

Colossus era una máquina mucho más compleja que la Bomba, y se podría escribir todo un libro sobre ella. Aquí básicamente veremos los dos aspectos principales que diferencian a ambas máquinas. El primero es que *Colossus* utilizaba componentes electrónicos, que eran mucho más rápidos que los utilizados en la Bomba. Y segundo, y más importante, es que la Bomba sólo podía llevar a cabo una única tarea, mientras que *Colossus* se podía adaptar a diferentes problemas. Era programable, de la misma manera que lo es una computadora moderna.

El desembarco en Normandía (también conocido como Día D) ocurrió el 6 de junio de 1944. Casi tres millones de soldados aliados cruzaron el Canal de la Mancha desde Inglaterra hasta la costa francesa de Normandía, en lo que fue la mayor operación de invasión por mar de toda la historia.

Representación del Coloso de Rodas.

Colossus redujo el tiempo para descifrar los mensajes de la máquina de Lorenz de semanas a horas. A partir de ese momento, los británicos fueron capaces de descifrar las comunicaciones alemanas más importantes, lo que les permitió leer la mente de sus enemigos a través de las órdenes que Hitler transmitía a sus generales. Por ejemplo, los mensajes descifrados por *Colossus* fueron vitales para planear el desembarco en Normandía en 1944, ya que se supo que Hitler sospechaba que el ataque vendría por otro lado.

La superioridad militar, apoyada por la criptografía, permitió que poco a poco se inclinara la balanza de la guerra a favor de los Aliados. Finalmente, el 7 de mayo de 1945, las tropas alemanas se rindieron y la guerra en Europa terminó.

La criptografía, aunada a la superioridad militar de los Aliados, contribuyó a restablecer la paz

Tras la Segunda Guerra Mundial un velo de secreto envolvió todas las operaciones relacionadas con el criptoanálisis aliado. El primer ministro británico Winston Churchill ordenó la destrucción de la máquina *Colossus* "en piezas no más grandes que la mano de un hombre", mientras que los planos de su diseño fueron reducidos a cenizas. No parece la mejor manera de agradecerle los servicios prestados.

Al final, el nombre elegido había resultado premonitorio. En el año 226 a.C. el Coloso de Rodas fue destruido por un terremoto. Más de dos mil años después, otro coloso, esta vez británico, acabó de la misma manera.

El problema de la distribución de claves

Después de la Segunda Guerra Mundial, el uso de la computadora empezó a extenderse con rapidez, hasta tal punto que hoy cuesta imaginar cómo sería nuestra vida diaria sin ella. Su capacidad de cálculo y su flexibilidad la han convertido en la mejor herramienta de trabajo y de diversión. Parece mentira que hace apenas cincuenta años sólo hubiese un puñado de computadoras en todo el mundo.

El código binario es el lenguaje natural de las computadoras

Una de las principales características de las computadoras es que sólo trabajan con números binarios: secuencias de unos y ceros que se conocen como *bits*. Cualquier tarea que realizas en una computadora, desde hacer un clic con el ratón hasta navegar por Internet, se traduce internamente en unos y ceros. El código binario es el lenguaje natural de las computadoras, de la misma manera que el tuyo y el mío es el español.

¿Cómo afecta esto a la criptografía? Pues como las computadoras sólo entienden el código binario, antes de cifrar cualquier mensaje hay que convertirlo en unos y ceros. Es decir, hay que codificarlo. De todos los códigos que existen, el llamado ASCII es uno de los más utilizados y es el que nos va a servir para el siguiente ejemplo.

Supongamos que queremos cifrar la palabra "mosca" mediante una transposición. Para trabajar en código binario, lo primero es traducir esta palabra a los unos y ceros del código ASCII:

Texto llano:	m	o	s	c	a
Texto llano en ASCII:	1101101	1101111	1110011	1100011	1100001

Como cada letra se codifica con siete dígitos, o *bits*, una simple palabra de cinco letras se transforma en 35 *bits*. Esto es muy interesante, porque no hay muchas maneras de reordenar cinco letras (por cierto, ¿cuántas maneras hay de hacerlo?). Pero con 35 bits se te pueden ocurrir infinidad de maneras de transponer estos dígitos. Por ejemplo, como ya hicimos con las letras, podemos darle la vuelta al texto llano e intercambiar el primer *bit* con el último, el segundo con el penúltimo, y así sucesivamente. Entonces:

Texto llano en ASCII:	11011011101111111001111000111100001
Texto cifrado:	10000111100011110011111110111011011

¿Podrías decir en qué se ha transformado la palabra "mosca"?

En definitiva, aunque utilicemos una computadora y *bits*, se pueden aplicar los mismos principios criptográficos que hemos usado para las letras. Dicho y hecho. Criptógrafos y criptoanalistas continuaron

El código ASCII sólo emplea unos y ceros.

con su eterna disputa, ahora con la computadora como arma: unos creando cifras cada vez más complejas, mientras los otros aprovechaban la enorme capacidad de cálculo de esta arma para intentar descifrarlas. Pero ellos no fueron los únicos que se beneficiaron. También las empresas empezaron a adquirirlas, atraídas entre otras cosas por su capacidad para cifrar comunicaciones importantes, como negociaciones secretas o transferencias de dinero.

ASCII son las siglas de *American Standard Code for Information Interchange*. Este código asigna un número binario de siete dígitos a cada letra del alfabeto. Hay 128 maneras de combinar 7 bits, lo que permite definir 128 caracteres, que incluyen letras mayúsculas, letras minúsculas y otros muchos símbolos.

El uso de las computadoras se inició a finales de la Segunda Guerra Mundial

Surge una complicación

A medida que creció el uso de la criptografía, se puso de manifiesto un problema de los sistemas criptográficos desarrollados hasta entonces: la distribución de claves. Si dos personas quieren mantener una comunicación secreta, primero tienen que ponerse de acuerdo en los detalles de la clave. ¿Pero cómo pueden hacerlo de una manera segura? ¿Qué pasa si, por ejemplo, están separados por miles de kilómetros? En el caso de que un espía interceptase la clave, ya no se podría garantizar la seguridad de las comunicaciones.

Si este ejemplo no te convence, veamos qué te parece este otro. Imagínate que un banco quiere en-

Cajero automático.

viarte ciertos datos confidenciales, pero sospecha que la línea telefónica está intervenida. El banco decide cifrar la información, por lo que elige una clave. Y ahora, ¿cómo te envía esa clave? Hacerlo a través de la línea telefónica sería insensato. La única forma verdaderamente segura sería entregártela en mano. Pero ¿qué ocurre si el banco tiene miles de clientes distribuidos por todo el mundo? Esa solución podría ser válida en una pequeña empresa, pero para las grandes compañías y las multinacionales, el asunto es mucho más delicado y complejo.

En la segunda mitad del siglo XX, el problema de la distribución de claves se convirtió en el mayor desafío de los criptógrafos.

Tabla de código ASCII.

Bits b7 → b7 → b7 →					0 0 0	0 0 1	0 1 0	0 1 1	1 0 0	1 0 1	1 1 0	1 1 1
b_4 ↓	b_3 ↓	b_2 ↓	b_1 ↓	Columna → / Fila ↓	0	1	2	3	4	5	6	7
0	0	0	0	0	NUL	DLE	SP	0	@	P	`	p
0	0	0	1	1	SOH	DC1	!	1	A	Q	à	q
0	0	1	0	2	STX	DC2	"	2	B	R	b	r
0	0	1	1	3	ETX	DC3	#	3	C	S	c	s
0	1	0	0	4	EOT	DC4	$	4	D	T	d	t
0	1	0	1	5	ENQ	NAK	%	5	E	U	e	u
0	1	1	0	6	ACK	SYN	&	6	F	V	f	v
0	1	1	1	7	BEL	ETB	'	7	G	W	g	w
1	0	0	0	8	BS	CAN	(	8	H	X	h	x
1	0	0	1	9	HT	EM	)	9	I	Y	i	y
1	0	1	0	10	LF	SUB	*	:	-j	Z	j	z
1	0	1	1	11	VT	ESC	+	;	K	[	k	{
1	1	0	0	12	FF	FS	,	<	L	\	l	0
1	1	0	1	13	CR	GS	-	=	M	]	m	|
1	1	1	0	14	SO	RS	·	>	N		n	~
1	1	1	1	15	SI	US	/	?	O	_	o	DEL

La clave se hace pública

Imagínate que dentro de poco es tu cumpleaños y un amigo tuyo, al que vamos a llamar Antonio, te ha comprado un regalo. Como vive en otra ciudad, te lo va a enviar por correo. Entonces lo empaqueta, y para que no lo abra cualquiera y se lo quede, decide ponerle un candado. Ahora, el problema es que nadie, ni siquiera tú, lo podría abrir. Para que eso fuese posible deberías tener una copia de la llave. Pero tampoco quiere enviártela, por temor a que alguien la intercepte y abra con ella el paquete. ¿Qué puede hacer entonces Antonio para que el regalo te llegue de forma segura?

La interrogante de la criptografía: cómo enviar de forma segura la clave al receptor para lograr mantener una comunicación secreta

Si cambiamos unas pocas palabras de este texto (mensaje secreto en vez de regalo, algoritmo de cifrado en lugar de candado, llave por clave, y cerrar y abrir candado por cifrar y descifrar), estamos exactamente ante la misma situación que había vivido la criptografía durante toda su historia: el problema de la distribución de claves. Es decir, cómo enviar de forma segura la clave al receptor para poder empezar a mantener una comunicación secreta.

El problema de la distribución de claves afectaba especialmente al ciudadano común. Para tener una comunicación privada se necesita cifrar la información; para cifrar la información se necesita distribuir claves, y los únicos que tenían dinero para hacer eso eran los gobiernos, el ejército, los bancos y las grandes empresas.

Hasta los años sesenta se pensaba que este problema no tenía solución y que la distribución de claves era algo que había que aceptar. Sin embargo, hacia 1969, un criptoanalista británico llamado James Ellis (1924-1997) tuvo una genial idea. Se le ocurrió que si el receptor también participaba en el proceso de cifrado se podía evitar la distribución de claves. Para explicarlo, vamos a volver con Antonio, a quien dejamos con un candado puesto en tu regalo, pero sin saber qué hacer a continuación. Lo que ideó Ellis fue lo siguiente:

Ellis propuso que el receptor también participara en el cifrado.

Finalmente, Antonio te envía el regalo con candado y todo. Cuando tú lo recibes, no puedes abrirlo porque no tienes la llave. En vez de intentar abrir el paquete a la fuerza, haces todo lo contrario. Le pones otro candado, esta vez uno de los tuyos, y se lo envías de vuelta. Ahora el regalo no tiene uno, sino dos candados. Cuando Antonio recibe el regalo, le quita el candado que él le puso al principio, y te lo envía por última vez a ti. Cuando te vuelve a llegar el regalo, únicamente tiene el candado que tú mismo le pusiste. Así que sólo tienes que usar tu llave para abrir el paquete, ¡y ya puedes disfrutar del regalo!

Si revisas los pasos que hemos seguido, resulta que el regalo ha estado protegido bajo llave en todo momento, no se han intercambiado las llaves de los candados en ningún instante y aun así al final has sido capaz de abrir el regalo. Y todo ello gracias a que tú también has aportado tu granito de arena al proceso. Esto demuestra que es posible enviar un regalo con un candado sin necesidad de enviar la llave del candado.

El siguiente paso es comprobar si los mensajes secretos funcionan igual que los regalos con candados y, en tal caso, si es posible hacerlo sin tener que enviar el regalo tres veces y colocar dos candados.

Whitfield Diffie, junto a Martin Hellman y Ralph Merkle, ya había desarrollado un sistema que permitía establecer la clave entre emisor y receptor en una conversación pública. Para ello sólo se tendría que intercambiar cierta información que, sin embargo, sería insuficiente para que una tercera persona obtuviera la clave completa.

La ciencia de los candados

Así que ahora lo que quieres es enviar a Antonio un mensaje secreto, y para ello cada uno dispone de su propia clave. Sigamos los mismos pasos que antes y veamos lo que ocurre.

La clave de Antonio:

Alfabeto llano:	a	b	c	d	e	f	g	h	i	j	k	l	m	n	ñ	o	p	q	r	s	t	u	v	w	x	y	z
Alfabeto cifrado:	Q	W	N	Y	S	K	O	V	R	Z	D	T	Ñ	X	M	L	U	I	J	B	G	A	E	P	C	H	F

Tu clave:

Alfabeto llano:	a	b	c	d	e	f	g	h	i	j	k	l	m	n	ñ	o	p	q	r	s	t	u	v	w	x	y	z
Alfabeto cifrado:	R	E	M	L	Q	U	T	S	Z	V	C	O	A	G	X	W	K	J	B	H	N	F	Y	D	P	I	N

1) Primero Antonio cifra el mensaje con su clave y te lo envía:

Mensaje llano:	f	e	l	i	z	c	u	m	p	l	e	a	ñ	o	s
Mensaje cifrado:	K	S	T	R	F	N	A	Ñ	U	T	S	Q	M	L	B

2) Tú cifras de nuevo con tu clave el mensaje recibido y se lo devuelves:

Mensaje llano:	k	s	t	r	f	n	a	ñ	u	t	s	q	m	l	b
Mensaje cifrado:	C	H	N	B	U	G	R	X	F	N	H	J	A	O	E

3) Antonio descifra tu mensaje con su clave y te lo envía otra vez:

Mensaje cifrado:	C	H	N	B	U	G	R	X	F	N	H	J	A	O	E
Mensaje llano:	x	y	c	s	p	t	i	n	z	c	y	r	u	g	v

4) Por último, tú descifras el mensaje de Antonio con tu clave:

Mensaje cifrado:	X	Y	C	S	P	T	I	N	Z	C	Y	R	U	G	V
Mensaje llano:	ñ	v	k	h	x	g	y	t	i	k	v	a	f	n	j

Y su alegre ¡feliz cumpleaños! se ha convertido en un incomprensible *¡ñvkhx gytikvafnj!*

Acabamos de comprobar en carne propia la diferencia entre la ciencia de los candados y la ciencia de los mensajes secretos: la importancia del orden en que se realiza cada paso. En el caso de los candados, el resultado es el mismo sin tener en cuenta quién lo ponga o lo quite primero. Podías haber puesto todos los candados del mundo al paquete y quitarlos en cualquier orden y el paquete siempre acabará abierto.

Una de las ventajas de la criptografía de clave pública es que ya no hay que esperar a que el emisor y el receptor se pongan de acuerdo en la clave; el emisor simplemente buscará la clave pública, cifrará con ella el mensaje y lo enviará. Algo tan fácil como consultar un número de teléfono en las páginas amarillas.

En criptografía el orden es vital: el primero que cifra es el último que descifra

Sin embargo, el orden es vital en la criptografía. Para poder recuperar el mensaje original, el orden de descifrado debe ser el inverso al de cifrado. Dicho de otra manera, "el primero que cifra es el último que descifra". O si te gusta más, "el último que cifra es el primero que descifra", que es lo mismo. Sin embargo, en esta ocasión Antonio fue el primero en cifrar y tú fuiste el último en descifrar. O tú fuiste el último en cifrar y él el primero en descifrar, como lo quieras ver.

Lo cierto es que este sistema no va a resolver el problema de la distribución de claves. Eso sí, puedes comprobar que si sigues el orden adecuado al cifrar y descifrar, se acaba recuperando el mensaje original… ¡y que cumplas muchos más!

Hasta ahora, todos los sistemas criptográficos desarrollados por el hombre estaban englobados en la criptografía simétrica de clave secreta. Se le llama "simétrica" porque emisor y receptor poseen la misma clave para cifrar y descifrar los mensajes. Y es secreta porque en el momento en que se conoce la clave, el mensaje se vuelve transparente para cualquiera.

La criptografía de clave pública

En nuestra vida cotidiana, la mayoría de las acciones resultan tan fáciles de hacer como de deshacer. Por ejemplo, cuando quieres encender la televisión, sólo tienes que presionar un botón; y si quieres apagarla es exactamente igual. Lo mismo se puede decir de abrir y cerrar una puerta, un cajón, o tantos otros ejemplos que se te pueden venir a la cabeza en un momento.

En la criptografía simétrica ocurre lo mismo. Cuando se aplica la clave de una manera, se cifra el mensaje y, al hacerlo al revés, se descifra. Luego resulta que descifrar un mensaje es casi siempre tan sencillo como cifrarlo. En este caso eso no es bueno, porque convierte la clave en el eslabón más débil en la cadena de seguridad. Por eso la clave siempre debe mantenerse en secreto. Sin embargo, hay otras situaciones en las que deshacer es mucho más difícil que hacer. Así, si se te cae un vaso al suelo es fácil que se rompa (y no hace falta que lo compruebes), pero es muy difícil recomponerlo a partir de los cientos de diminutos fragmentos en los que se convierte. Otro ejemplo sería mezclar colores: es sencillo mezclar pintura amarilla con pintura roja para conseguir na-

Whitfield Diffie fue el creador de una cifra que incorporaba el concepto de clave asimétrica.

ranja, pero ¿cómo se hace para separar el naranja en rojo y amarillo?

De acuerdo con esta idea, en 1975 el matemático Whitfield Diffie (1944) inventó un nuevo tipo de cifra, que incorporaba el concepto novedoso de clave asimétrica. Una clave asimétrica se divide en dos claves distintas, una que se utiliza sólo para cifrar: la clave pública, y otra que únicamente sirve para descifrar: la clave privada. Ahora un proceso deja de ser el opuesto del otro, y cifrar y descifrar se convierten en independientes. La idea es que uno guarda en secreto su clave privada y hace pública su clave pública (de ahí sus respectivos nombres). De esta manera, si alguien quiere enviarte un mensaje, sólo tiene que buscar tu clave pública y cifrar con ella el mensaje. ¡Y tú serás el único que podrá descifrar el mensaje con tu clave privada!

Al parecer, la criptografía de clave pública fue inventada a principios de los años setenta en los Goverment Communications Headquarters (GCHQ), la dependencia que garantizaba la seguridad de las comunicaciones británicas. Sin embargo, como esa investigación era secreto de Estado, sus innovaciones no se conocieron hasta mucho después.

Volviendo a la ciencia de los candados, podemos identificar la clave pública con un candado y la clave privada con una llave. Imagínate que fabricas tu propio candado y tu propia llave. Te guardas la llave, pero haces miles de copias del candado y las distribuyes por todas las oficinas de correos. Cualquiera que quiera enviarte un mensaje, sólo tiene que empaquetarlo, acercarse a la oficina de correos más cercana, pedir "tu candado" y cerrar con él el paquete. Ahora sólo tú puedes abrirla y acceder al mensaje que hay dentro, ya que tú eres el único que tiene la llave de tu candado. Esta es la filosofía de la criptografía de clave pública.

Finalmente, el cifrado asimétrico había solucionado el problema de la distribución de claves. Sólo faltaba un pequeño detalle, ¡encontrar algo que hiciese realidad toda esta maravillosa teoría!

RSA: los números primos en la criptografía

Criptógrafos de todo el mundo se lanzaron a la caza de alguna función matemática que hiciera realidad el sueño de la criptografía de clave pública. En matemáticas, como en la vida real, la mayoría de las funciones son de doble vía, es decir, son tan fáciles de hacer como de deshacer.

> En las matemáticas, la mayoría de las funciones son de doble vía, es decir, son tan fáciles de hacer como de deshacer

Así, "duplicar" es una función de doble vía, porque es muy sencillo tomar un número y multiplicarlo por 2, y es igual de fácil deshacer esta función y obtener el número original a partir del número duplicado. Por ejemplo, calcular el doble de 3, que es 6, es sencillo. Pero también lo es hacerlo al revés y calcular el número cuyo doble es 10, que es 5. Estas funciones de doble vía fueron descartadas por los expertos, quienes no estaban interesados en llevar a la criptografía algo que fuese igual de sencillo de

2, 3, 5,
7, 11, 13,
17, 19, 23,
29, 31, 37,
41, 43, 47,
53, 59, 61,
67, 71, 73,
79, 83, 89,
97, 101, 103,
107, 109, 113,
127, 131, 137,
139, 149…

La serie de los números primos es infinita.

hacer que de deshacer. Eso es lo que llevaba haciendo la criptografía simétrica desde hacía siglos.

En vez de eso, los estudiosos centraron su atención en otras funciones matemáticas llamadas de una sola vía, porque son fáciles de hacer en un sentido, pero muy difíciles de ejecutar en el otro. Es como el ejemplo de mezclar colores que se mencionó en el capítulo anterior. ¿Qué querría decir esto aplicado a la criptografía? Hay dos opciones. La primera es que los mensajes sean difíciles de cifrar y fáciles de descifrar. Pero eso es justo lo contrario de lo que queremos, así que lo podemos descartar tranquilamente. De hecho, para hacer eso sería mejor enviar el mensaje tal cual, sin cifrar, y confiar en que el enemigo no lo intercepte. Así por lo menos se ahorraría el trabajo inútil de cifrarlo.

Hasta el momento, nadie ha podido demostrar matemáticamente que las funciones que se utilizan en el algoritmo RSA sean de una sola vía. Aunque parece difícil, podría ser que mañana alguien encuentre la manera de factorizar un número de una forma rápida, sin importar su tamaño.

La otra opción es que sea fácil de cifrar pero muy difícil de descifrar. Eso se parece más a lo que buscamos, pero tampoco sería práctico del todo, porque entonces sería muy complicado descifrarlo. Imagínate que escribes un mensaje en un plato, lo rompes contra el suelo y le das los pedazos a tu amigo para que lo lea. No parece una buena idea ni para el plato ni para tu amigo. Por lo tanto, así definidas, las funciones de una sola vía tampoco sirven. Para la criptografía de clave pública se necesita algo más.

Las funciones de una sola vía más útiles son las que tienen una "puerta secreta"

Hay otro tipo de funciones de una sola vía que sí nos pueden resultar más útiles. Son aquellas que tienen lo que se denomina una "puerta secreta". Como cualquier función de una sola vía, son fáciles de aplicar en un sentido, pero muy difíciles en el otro. Has-

¿Cuánto crees que te llevaría colocar cada pieza en una maqueta de la Pirámide del Sol?

ta ahí no hay nada nuevo. La diferencia está en que si conoces cierta información, entonces también resulta fácil aplicarla en el otro sentido, convirtiéndose así en una función de doble vía.

Imagínate que tienes una maqueta de la Pirámide del Sol, tan detallada que está construida prácticamente piedra a piedra. Sería muy fácil desmontar la maqueta y separar cada una de los cientos de piezas. Sin embargo, volverla a construir a partir de todas esas piezas sería dificilísimo. Y si lo acabas consiguiendo, necesitarías mucho tiempo para ello. Pero ahora imagínate que sólo tú tienes el manual de instrucciones para montar la maqueta, en el que se explica paso a paso dónde colocar cada pieza. En tal caso, tú podrías reconstruir la maqueta con ayuda de las instrucciones y un poco de maña, y tardarías muchísimo menos tiempo que cualquier otro que lo intentase sin instrucciones.

En definitiva, las funciones de una sola vía con "puerta secreta" nos permitirían cifrar de forma fácil, mientras que dificultarían enormemente la tarea de descifrar a todo el mundo, menos a aquel que tuviese esa información secreta. ¡Ésas son las funciones que buscamos para la criptografía de clave pública!

El nacimiento del RSA

Uno de los conjuntos de números más fascinantes que existen son los números primos, que son divisibles únicamente por la unidad y por sí mismos. Por ejemplo, 5 es un número primo porque sus factores (sus divisores) son 1 y 5. Sin embargo, 6 no lo es porque sus factores son 1, 2, 3 y 6. Los números primos son los ladrillos con los que se construyen todos los números: piensa en cualquier número y resultará que, o bien es un número primo, o bien es el producto de números primos. Desde siempre, los números primos han atraído poderosamente la atención de los matemáticos, hasta tal punto que muchos de ellos se pasan la vida entera estudiando sus curiosas propiedades, o se dedican a elaborar interminables listas con todos los números primos conocidos. Esta lista no se acaba nunca, porque hay infinitos números primos, así que es de suponer que todavía tendrá entretenidas a muchas generaciones de matemáticos.

En matemáticas, una función es cualquier operación que convierte un número, o un conjunto de ellos, en otro u otros. Por ejemplo, la función "elevar al cuadrado", $f(x) = x^2$, consiste en multiplicar por sí mismo cualquier número. Si aplicamos esta función al número 5, se obtiene 25. Es decir, $f(5) = 5^2 = 25$.

> Los números primos siempre han atraído poderosamente la atención de los matemáticos

Pues bien, en 1977 Ronald Rivest (1947), Adi Shamir (1952) y Leonard Adleman (1945), un equipo de matemáticos e informáticos del Instituto Tecnológico de Massachusetts, se dieron cuenta de que los números primos constituían la base ideal para la criptografía de clave pública.

Los tres desarrollaron un algoritmo de cifrado, conocido como RSA —las iniciales de los apellidos de sus creadores—, que se ha convertido en la piedra angular de la criptografía moderna y seguramente en la cifra más importante del siglo XX.

En 2008 se calculó el que es, hasta la fecha, el número primo más grande: $2^{32\,582\,657}-1$. Este número representa la multiplicación del número 2 más de 32 millones de veces, y al resultado se le resta 1. Este número tiene casi 10 millones de cifras: escrito alcanzaría unos 50 kilómetros de longitud.

La idea es que si se toman dos números primos suficientemente grandes, es muy fácil multiplicarlos para obtener un número N, pero a partir de N es muy difícil obtener los dos números originales. Este proceso de descomponer un número en los números primos que lo forman —los factores— recibe en matemáticas el nombre de factorización.

Shamir, Rivest y Adleman, los creadores del cifrado RSA.

Para entender el método RSA vamos a recurrir a tres personajes ficticios, María, Juan y Ana, que se van a encontrar, sin embargo, en una situación muy real: Juan quiere enviar un mensaje a María, y Ana intenta enterarse. ¿Cómo pueden María y Juan hacer uso del método RSA para garantizar la seguridad de sus comunicaciones?

En uno de los últimos desafíos lanzados por los creadores del RSA, matemáticos de todo el mundo consiguieron factorizar una clave pública de 174 dígitos usando aproximadamente 100 computadoras en más de tres meses. El esfuerzo mereció la pena, ya que recibieron por ello un premio de 10 000 dólares.

El RSA se ha convertido en la piedra angular de la criptografía moderna y seguramente en la cifra más importante del siglo XX

Lo primero es que María elija dos números primos, p y q, y los multiplique uno por otro. Por ejemplo, $p = 7907$ y $q = 7919$, y entonces $N = p \times q =$

62 615 533. En apenas cinco segundos, María ha calculado el número *N*, que puede publicar en Internet como su clave pública. Ahora Juan (y cualquiera que quiera enviarle un mensaje de forma segura) sólo tiene que tomar *N*, cifrar el mensaje con él y enviárselo a María. Cuando ésta reciba el mensaje, sólo ella podrá descifrarlo con su clave privada porque sólo ella conoce *p* y *q*. Y aunque Ana conozca *N*, no es suficiente para que pueda extraer los dos factores primos *p* y *q* y, por lo tanto, conocer la clave privada de María.

En 2008 se calculó el que es, hasta la fecha, el número primo más grande: $2^{32582657}-1$.

La cifra RSA parece invencible por ahora, pero sólo el tiempo dirá si sigue siéndolo

En realidad, el proceso no es tan sencillo; *p* y *q* no son directamente la clave privada; hay otras operaciones matemáticas en las que no vamos a entrar. Pero lo importante es que la seguridad del método RSA se basa en el hecho de que no existe una forma rápida de factorizar un número —es decir, descomponerlo en los factores que lo forman— cuando éste es producto de dos números primos muy grandes. Y debe funcionar muy bien, porque el método RSA se utiliza habitualmente en las comunicaciones militares, diplomáticas y comerciales más importantes.

La seguridad del RSA

Supongamos que Ana toma la clave pública de María, 62 615 533, e intenta factorizarla a mano. Es decir, toma una calculadora y se pone a probar uno a uno todos los números primos empezando por el 2, luego el 3, el 5, etcétera, hasta encontrar los dos números primos factores de *N*. Si probase cinco números primos por minuto, le habría costado algo más de tres horas encontrar p y q (el primero de ellos, 7 907, es el 999° número primo y, por lo tanto, habría tardado unos 200 minutos). Esto no constituye un nivel muy alto de seguridad, pero sólo se trata de un ejemplo. Bastaría con que María eligiese números primos muchísimo más elevados para aumentar su seguridad: actualmente se aconseja que se use un valor de N por encima de los 300 dígitos. De todas maneras, los propios creadores del RSA lanzan cada cierto tiempo desafíos a la comunidad científica, en los que proponen la factorización de algún número muy largo. Eso les sirve para ponerse al corriente de los últimos avances en el arte de la factorización y, si fuese necesario, poder recalcular el valor de N para garantizar una comunicación segura.

La realidad es que ahora mismo la cifra RSA parece invencible. Pero, ¿cuántas veces has leído eso antes en este libro y al final se ha demostrado lo contrario? Puede ser que dentro de varias décadas miremos atrás a los tiempos en los que la gente creía que factorizar números era una función de una sola vía, y nos preguntemos cómo era posible que la seguridad de gobiernos, grandes empresas y millones de personas se basara en ella.

Una comunicación segura

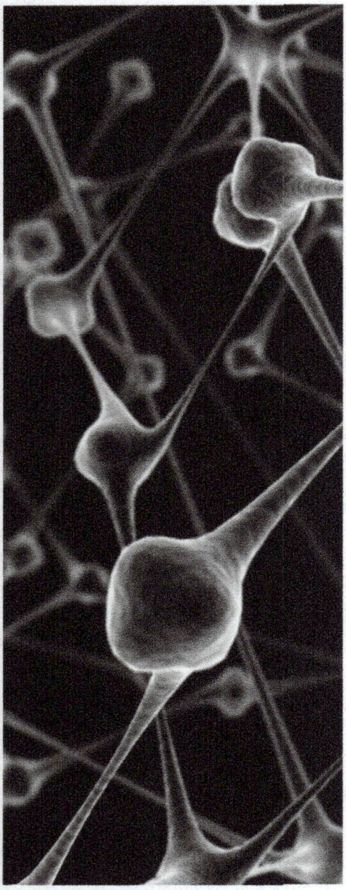

La teleinformática moderna semeja una red neuronal.

El intercambio de información se ha convertido en una parte fundamental de nuestra sociedad. Cada día, millones de personas se envían mensajes electrónicos por todo el mundo. Las empresas han extendido el uso de documentos electrónicos a todos los niveles: archivos de texto, hojas de cálculo y ficheros de bases de datos se comparten entre la gente sin importar las distancias. No cabe duda de que Internet está cambiando la forma de relacionarse de las personas y las empresas tanto en México como en el resto del mundo.

La criptografía de clave pública es la base de la seguridad en Internet

Estas nuevas formas de comunicación abren un gran abanico de posibilidades para las empresas y las organizaciones, así como para sus clientes y usuarios. Por ejemplo, permiten comercializar productos y ofrecer servicios de una forma ágil y económica. ¿Quién quiere volver a esperar en la cola del cine, si puede comprar el boleto cómodamente desde su computadora? También se pueden realizar compras, solicitar tarjetas y documentos o pedir cita con el médico. Casi todo lo que se te ocurra se puede hacer por Internet.

La criptografía de clave pública es la que proporciona los candados y las llaves necesarias para proteger toda esa información. Su seguridad es tal, que ahora mismo no se conoce una manera de criptoanalizar estos sistemas de cifrado. Por lo tanto, los criptógrafos les han ganado de nuevo la partida a los criptoanalistas, algo que no ocurría desde Vigenère.

Llegados a este punto, podrías pensar que el papel de la criptografía termina aquí. Pero no es así. Hoy no basta con garantizar la seguridad de la información que se envía. Existen otros aspectos que hay que contemplar para definir lo que se llama una comunicación segura:

Autenticidad. Cuando recibimos una carta de un amigo, podemos estar seguros de que la ha escrito él sin más que ver su letra. Si hablamos con nuestros padres o hermanos por teléfono, sabemos que son ellos porque reconocemos al instante su voz. Pero si nos llega un mensaje o documento electrónico, no tenemos la seguridad de que la persona que nos lo envía sea realmente quien dice ser. Recuerda que

Son millones de personas las que intercambian diariamente información electrónica alrededor del mundo.

con la criptografía de clave pública, cualquiera puede mandar un mensaje cifrado con tu clave pública. Así, si María recibe un documento que supuestamente le envía Juan, ¿cómo puede estar segura de que en verdad es Juan quien lo ha enviado y no otra persona?

Puede que te preguntes quién podría tener interés en hacerse pasar por otra persona. Veamos un ejemplo. Imagínate que un día recibes un mensaje electrónico de tu banco en el que te dicen que han detectado un uso "sospechoso" de tu tarjeta de crédito y te solicitan que vuelvas a introducir tus datos privados para confirmarlos. En el mismo mensaje se adjunta un enlace para hacerlo. El mensaje viene con el logotipo del banco y, en apariencia, todo parece indicar que es del banco, pero... ¿y si no fuese realmente tu banco el que te lo envía, sino un pirata que quiere apropiarse de tus claves? Esto es lo que se conoce como suplantación de personalidad o *phishing*, y es uno de los métodos de estafa más extendidos por Internet.

Integridad. Consiste en la seguridad de que la información no pueda ser alterada en el transcurso de su envío. Imagínate que María realiza una compra en Internet y rellena el formulario correspondiente con sus datos personales. Al enviarlo, resulta que Ana consigue capturar el documento en el camino. Entonces modifica los datos cambiando la dirección de entrega de los productos, que era la de María, por la suya propia. El banco le haría el cargo de la compra a María, ¡pero los artículos que ha comprado le llegarían a Ana!

Cuando alguien envía un documento electrónico, no puede luego negar el envío

No repudio. Se trata de que una vez enviado un documento por cualquier persona, ésta no pueda negar luego la autoría de dicho envío. Supongamos que María, aunque no tuvo mucha suerte con su anterior intento, ahora ha vuelto a realizar la compra en Internet de un producto en una tienda virtual. Más tarde, encuentra ese mismo producto más barato en una tienda de su barrio y decide comprarlo. Finalmente, cuando la tienda virtual le envía el pedido que había hecho, María lo rechaza diciendo que ella no ha hecho ningún pedido.

¿Será capaz la criptografía de ayudarnos a solucionar estos problemas?

Es necesario conocer las medidas de seguridad cuando se realizan transacciones en línea.

La firma digital

La firma de contratos y convenios es parte primordial de la oferta y la demanda ordinarias.

Imagínate que hoy es sábado y tienes que ir a comprar el pan. Así que te acercas a la panadería y esperas tu turno. Cuando te toca a ti, le pides al panadero lo que quieres, le das el dinero y te vas con tu bolsa de pan. Esto no tiene nada de extraordinario, ¿verdad? Porque en la mayoría de las compras que se hacen a diario, uno paga lo que valen —que no es poca cosa— y ya está. Pero hay otras muchas situaciones de la vida real en las que no basta con esto. Por ejemplo, cuando alguien compra un coche, no llega al concesionario con un maletín lleno de dinero, elige un coche, lo paga y se va, aunque a más de uno le encantaría poder hacerlo. Lo que se hace es redactar un contrato en el que se explican las condiciones de la operación. Si las dos partes —el comprador y el vendedor— están de acuerdo, entonces lo firman, uno le paga al otro el dinero acordado de la forma que hayan pactado (puede ser al contado, a plazos, etcétera), el vendedor le entrega al comprador el coche y todos tan contentos.

Por lo tanto, la diferencia entre comprar el pan y comprar un coche no es sólo cuestión de dinero; también hay que firmar de puño y letra un documento. ¿Por qué es tan importante eso? Porque una firma es mucho más que un simple garabato en un papel, como vamos a ver a continuación:

La firma es sinónimo de aprobación. Cuando una persona firma un documento, significa que está de acuerdo con el contenido del mismo. Nadie puede obligar a otra persona a firmar algo que no quiere.

La firma es inimitable. Eso lo puedes comprobar muy fácilmente. Pídele a tu padre, a tu madre o a alguien cercano que escriba su firma en un papel e intenta imitarla. Verás que sólo después de muchos intentos, tu garabato se empieza a parecer a su firma. Y aun así, se nota la diferencia. En definitiva, no hay dos personas con la misma firma y, por lo tanto, si la firma de una persona aparece en un documento, ha sido ella y nadie más quien ha firmado el documento.

La firma no se puede reaprovechar. La firma es una parte inseparable del documento, igual que el encabezado o el texto que tenga. Firmar es un acto que sólo sirve para ese documento en cuestión, y no se puede volver a utilizar en otro documento.

Los documentos firmados son inalterables. Una vez que se ha firmado un documento, éste no se puede modificar.

La firma no se puede repudiar. Como la persona que firma está de acuerdo con el contenido del documento, la firma es una garantía de que esa persona no se retractará en el futuro.

Está claro que antes de firmar un documento, hay que leerlo muy bien y pensárselo dos veces.

Del papel a la computadora

Si lo piensas un poco, te darás cuenta de que los aspectos que vimos en el capítulo anterior que garantizaban una comunicación segura —autenticidad, integridad y no repudio— se solucionan en la vida real con la firma de puño y letra. Como en las operaciones por Internet no podemos fiarnos como si se tratara del panadero de nuestra colonia, es fundamental intentar llevar a las computadoras ese planteamiento y definir alguna forma de firma digital que sea confiable.

La clave privada es un buen candidato para producir una firma digital

Las transacciones por Internet deben ofrecer seguridad.

La principal característica de la firma tradicional es que cada persona tiene su propia firma. Las hay de todos los tipos: corta o larga, simple o elaborada, legible o ilegible. Pero sea como sea, una firma identifica a la persona que la realiza tanto como su huella dactilar. De forma análoga, para producir una firma digital vamos a necesitar algo relacionado con el firmante y solamente con él.

¿Qué podría tener María y nadie más que ella que sirva para reconocerla? ¿Quizás algo que esté relacionado con la criptografía? Recordemos que María dispone de dos claves, una pública, que está al alcance de todo el mundo, y que sirve para cifrar los mensajes que van dirigidos a ella, y otra privada, que sólo conoce María, y que usa para descifrar los mensajes que le llegan. Así que parece lógico pensar que la clave privada es un buen candidato para producir una firma digital.

En efecto, María podría cifrar cualquier texto con su clave privada y enviárselo a Juan. Entonces, si él pudiese descifrar el texto con la clave pública de María, sería la prueba de que sólo ella, con su clave privada, podría haberlo cifrado. Sin embargo, si resulta que al intentar aplicar la clave pública de María se obtiene un texto ininteligible, entonces Juan tendría la seguridad de que no ha sido ella quien ha cifrado el mensaje y, por lo tanto, tampoco quien se lo ha enviado. ¡Eso es justo lo que necesitamos! Así, firmar digitalmente un documento no es más que cifrar dicho documento con la clave privada.

Un momento. Aquí hay algo que no encaja. ¿No quedamos en que la clave privada sólo sirve para descifrar, y que se cifraba con la pública? ¿Cómo se puede cifrar con una clave privada? En realidad, ambas claves forman un par y no hay nada especial que las diferencie. Si usamos una para cifrar y la otra para descifrar, es sólo por convenio; igual podríamos usarlas a la inversa. Lo importante es saber que lo que una clave hace, la otra lo deshace.

El término *phishing* proviene de la palabra en inglés *fishing* (pesca) y hace alusión al acto de "pescar usuarios" mediante señuelos, y de este modo obtener información confidencial relativa a tarjetas de crédito y contraseñas. Quien lo practica es conocido con el nombre de *phisher*.

Aclarado esto, la firma digital de un documento tiene dos partes bien diferenciadas:

Proceso de firma. Es cuando María cifra el documento con su clave privada y envía a Juan tanto el documento llano como el cifrado.

La firma digital garantiza la seguridad de la comunicación por Internet

Proceso de verificación de la firma. Juan descifra el documento cifrado con la clave pública de María y comprueba que coincide con el documento original. Esto demuestra que el emisor del mismo ha sido efectivamente María.

La firma digital autentifica el mensaje de María, ya que sólo el dueño de la clave privada puede cifrar un documento de manera que se pueda descifrar con su clave pública. Esto garantiza que ha sido María y no otra persona la que ha enviado dicho documento. Por lo tanto, también asegura el no repudio, puesto que ella no podría negarlo. Y no sólo eso: además proporciona integridad de datos. Imagínate que Ana intercepta el documento llano de María, lo modifica y luego se lo envía a Juan. Cuando Juan descifre el documento cifrado y lo compare con el documento llano, se dará cuenta de que no coinciden, y que, por lo tanto, algo le ha ocurrido por el camino. Así que se pondría en contacto con María y repetirían de nuevo la operación.

Como con cualquier documento de identidad, si una persona pierde su clave privada o se la roban, está obligada a comunicarlo inmediatamente a la autoridad correspondiente para evitar que se ponga en peligro su seguridad. En caso contrario, el usuario será responsable del uso indebido de la clave.

Las funciones *hash*

El sistema que acabamos de describir tiene un pequeño inconveniente en la práctica. Para firmar digitalmente un documento, tenemos que enviar juntos el texto original y el texto cifrado. Esto significa que estamos enviando el doble de información de la necesaria. Y eso es algo que puede ser muy molesto, porque tanto el envío como la recepción de los documentos se vuelven muy lentos.

> Las funciones *hash* comprimen la información hasta hacerla irreconocible

Una manera de optimizar este sistema consiste en utilizar unas funciones matemáticas llamadas *hash*. Estas funciones toman el documento original y lo comprimen, dando como resultado lo que se conoce como "resumen *hash*". Este resumen es una versión única del original, de forma que si el original se modifica en lo más mínimo y se comprime mediante la misma función *hash*, el resultado será completamente diferente, aunque sólo se haya cambiado una letra.

Una vez que se pasa el papel por la trituradora, es prácticamente imposible recuperar la información.

Para que una función pueda ser considerada *hash,* tiene que cumplir una serie de requisitos: debe transformar un texto de longitud variable en un bloque de longitud fija. Es decir, ya sea que el documento tenga tres líneas o tres páginas, la función *hash* lo convertirá en una pieza de la misma longitud. Debe ser cómoda de poner en práctica, lo cual, por cierto, siempre es de agradecer. Debe ser una función de una sola vía, es decir, tiene que ser muy difícil o imposible obtener el texto original a partir del resumen *hash*. Debe ser imposible encontrar dos mensajes diferentes cuya firma digital mediante la función *hash* sea la misma.

Sin entrar en más detalles, se suele comparar el efecto de las funciones *hash* con una trituradora: comprimen la información de tal manera que la hacen irreconocible, y a partir del triturado es imposible recuperar el original. Además, las funciones *hash* deben ser fáciles de usar, ¡igual que una trituradora!

El proceso de la firma

Con esto, si añadimos la utilización de las funciones *hash* al sistema que describimos al principio, el proceso completo de la firma digital sería el siguiente:

1. María aplica una función *hash* conocida al documento, de tal manera que obtiene un resumen *hash* del mismo.
2. A continuación, María cifra dicho resumen *hash* con su clave privada.
3. Después, envía a Juan el documento original y el resumen *hash* cifrado.

4. Juan aplica la función *hash* al resumen sin cifrar y descifra el resumen cifrado mediante la clave pública de María.
5. Si ambos coinciden, está seguro de que ha sido María y no alguna otra persona la que le ha enviado el documento. Si no coinciden, puede estar seguro de que no ha sido María o de que el mensaje ha sido interceptado durante el envío y modificado. ¡Seguramente Ana tiene algo que ver en todo esto!

Con las mismas armas que usamos para proteger la información, la criptografía de clave pública nos permite crear la firma digital, que sustituye a la firma de puño y letra en el mundo de Internet. Sus utilidades son infinitas, desde realizar una compra en línea hasta hacer la declaración de impuestos, pasando por transacciones bancarias, facturas electrónicas o llenado de todo tipo de documentos.

Certificados digitales

Una de las ventajas de la criptografía de clave pública es que cualquiera puede obtener la clave pública

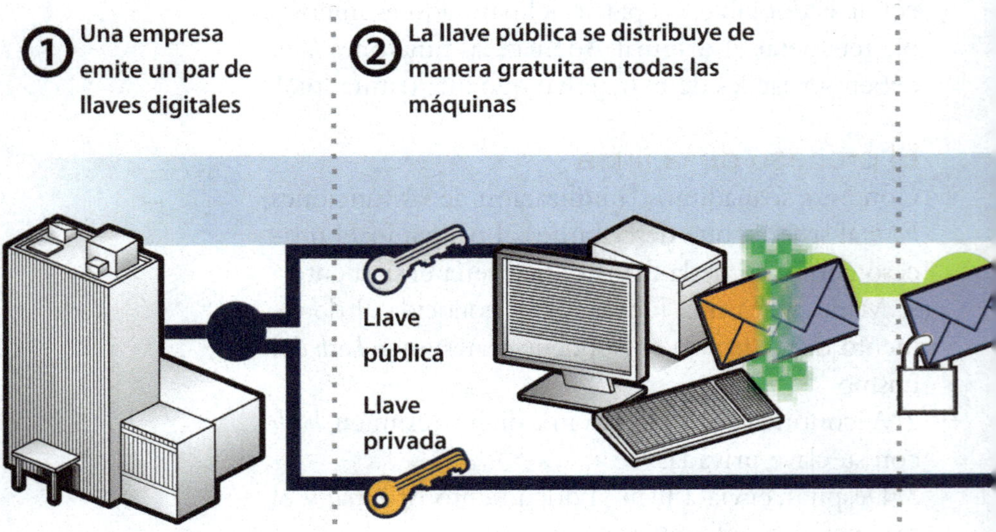

de María, sin necesidad de pedírsela a ella. Es tan sencillo como consultar su número de teléfono en el directorio.

Sin embargo, esta ventaja constituye en sí misma un punto débil. Cuando consultamos un número de teléfono en el directorio, confiamos en que el directorio está bien y el teléfono de María es el correcto. Sin embargo, si Juan quiere enviarle un mensaje a María, ¿cómo sabe que la clave pública de María es *realmente* la clave pública de María? ¿Y si, por ejemplo, Ana ha cambiado la clave pública de María por la suya propia?

Para garantizar que una clave pública le pertenece a una persona determinada, se emite un documento electrónico denominado "certificado digital", en el cual aparecen una serie de datos, como el nombre de la persona, su clave pública, su dirección de correo electrónico, el periodo de validez de dicho certificado, etcétera. En cierto sentido, un certificado digital es el "documento nacional de identidad" para Internet.

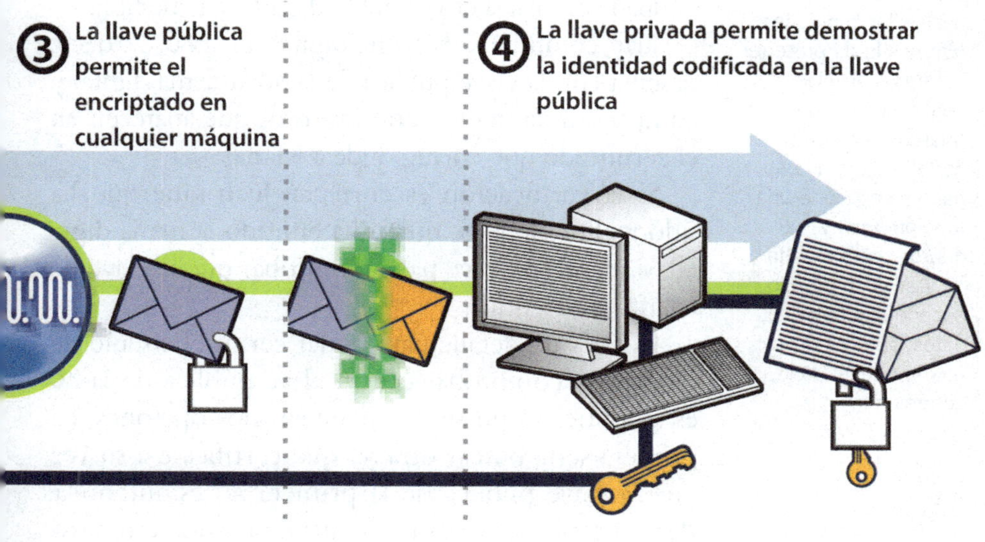

La autenticidad de estos datos está asegurada por una Autoridad Certificadora (AC), que hace las labores de un notario en la vida real. Para ello, la AC incluye en el mismo certificado su propia "firma digital", es decir, cifra con su clave privada el contenido del certificado. Esto tiene dos finalidades. Por un lado, comprobar que ha sido la AC quien ha emitido la firma, descifrándola con su clave pública. Por otro, comprobar la integridad de la información, de manera que si alguno de los datos del certificado cambia en lo más mínimo, la firma no sería válida.

En Internet y en la vida real, la experiencia propia y las referencias ajenas nos permiten decidir en quién confiar

El proceso para que Juan tenga la seguridad de poseer la clave pública de María sería el siguiente:

Juan recibe la clave pública de María, firmada digitalmente por una AC.

Juan consulta la clave pública de la AC en cuestión.

Juan comprueba la firma digital de la AC. Es decir, descifra con la clave pública de la AC la firma digital y compara su contenido con los datos que aparecen en el certificado que corresponde a María.

Si la verificación es correcta, Juan sabe que ha sido realmente la AC quien ha emitido la firma digital, y además le sirve para comprobar que la clave de María es auténtica.

Faltaría un detalle para poder cerrar el círculo de seguridad: comprobar que la clave pública de la AC es auténtica. Aquí se nos plantean dos opciones. La primera sería buscar otra AC que certificase a su vez que la clave pública de la primera AC es auténtica. Pero entonces podríamos seguir repitiendo este pro-

Una de las aplicaciones de las funciones *hash* es la de proteger contraseñas. Por seguridad, en vez de guardar una contraseña tal cual, lo que se hace es aplicarle una función *hash* y guardar este resultado. Así, si un intruso accede a la base de datos, obtener el valor *hash* no revelará la contraseña.

ceso una y otra vez, y no terminaríamos nunca. La otra opción es confiar en que la AC es quien dice ser. En realidad, eso es lo que hacemos todos los días en la vida real: nos guiamos por nuestra propia experiencia y por las referencias de otras personas para decidir en quién confiamos y en quién no. Sin ir más lejos, ahora mismo deberías confiar (y espero que así sea) en que lo que estoy diciendo es verdad y no lo estoy inventando. Todos, en última instancia, depositamos nuestra confianza en alguien o algo.

En este caso, podemos confiar en que la criptografía de clave pública nos proporciona las mismas armas para manejarnos en Internet como lo hacemos en nuestra vida diaria. Ni más ni menos.

Cuando una página de Internet, como la de un banco o una tienda en línea, tiene que enviar datos personales o contraseñas, suele cifrar la información mediante el llamado protocolo https. Se dice entonces que la página es segura, y en tal caso suele aparecer un candado en la barra de direcciones del navegador.

Privacidad bastante buena

La mayoría de los datos que se intercambian en Internet están a la vista.

Si hay un servicio que se usa masivamente en Internet, es el correo electrónico. Millones de mensajes de este tipo se envían diariamente desde todos los puntos del mundo. Sin embargo, a diferencia de las cartas comunes, un mensaje electrónico no garantiza la confidencialidad frente a posibles espías. En este sentido, los mensajes electrónicos se parecen más bien a las postales que se mandan a los amigos cuando uno está de vacaciones: cualquiera que intercepte una puede leerla sin dificultad. Al igual que los mensajes electrónicos, la mayor parte del inmenso volumen de datos que se intercambia continuamente en Internet está expuesto a la mirada de terceras personas.

Un mensaje electrónico no garantiza la confidencialidad frente a posibles espías

Cuando se inventó la cifra RSA en 1977, se ofrecía por primera vez la posibilidad de mantener comunicaciones verdaderamente seguras. Pero debido a los complejos cálculos matemáticos que había que realizar, el proceso de cifrado necesitaba potentes equi-

pos informáticos. Los únicos que disponían entonces de tales equipos eran los gobiernos, los ejércitos y las grandes empresas. Para el resto de los mortales, la seguridad era sinónimo de lentitud.

En la década de los ochenta, el físico e informático estadounidense Phil Zimmerman quiso que la privacidad que ofrecía la cifra RSA estuviese al alcance de cualquier persona. Para ello diseñó un programa práctico y eficaz, que pudiese utilizarse en una computadora normal y corriente. Lo llamó *Pretty Good Privacy,* más conocido como PGP, y cuya traducción sería algo así como "privacidad bastante buena". El gran acierto del PGP es que combina los dos grandes tipos de criptografía conocidos: la asimétrica de clave pública y la simétrica de clave secreta. El resultado es una herramienta que permite cifrar el correo electrónico —y en general todo tipo de información— de manera rápida y segura. ¡Y además es gratuita!

Así nació el PGP

El principal punto débil de la criptografía de clave pública es su velocidad. Mejor dicho, su falta de velocidad. Cada vez que María quiere usar la cifra RSA para enviar un mensaje a Juan, su computadora necesita varios minutos para realizar la tarea. Y lo mismo le va a ocurrir a Juan cuando intente descifrar

un mensaje con su clave privada. Imagínate que los dos tienen que repetir este proceso a diario no una, sino decenas de veces. En un solo día se habrán pasado horas simplemente esperando a que se cifren y descifren los mensajes, tiempo más que suficiente para desesperar a María, a Juan y a cualquiera que estuviera en su lugar.

Para poder desarrollar un programa al alcance de todo el mundo, Zimmerman tenía que buscar una manera de acelerar estos procesos. Entonces se le ocurrió la genial idea —por sencilla y efectiva—, de combinar lo mejor de la criptografía simétrica con la novedosa criptografía de clave pública.

Phil Zimmerman, genio tecnológico de los años ochenta.

El acierto del PGP es combinar los dos grandes tipos de criptografía conocidos: la asimétrica de clave pública y la simétrica de clave secreta

Recordemos que, en teoría, una cifra simétrica puede ser prácticamente indescifrable si se elige la clave de forma aleatoria y sólo se usa una vez. Pero la práctica nos ha enseñado que es muy difícil distribuir la clave de forma segura, lo que la convierte en el eslabón más débil de la cadena de cifrado. Entonces, si el problema se reduce a poder enviar de forma segura la clave, ¿por qué no utilizar la criptografía de clave pública para cifrar únicamente la clave simétrica?

Como un ejemplo vale más que mil palabras (¿no era así la expresión?), vamos a viajar al mundo de las llaves y los candados para ver lo que quiere decir Zimmerman:

María quiere enviar un libro a Juan. Para ello dispone de una máquina que fabrica candados y llaves, de tal manera que puede utilizar uno distinto en cada paquete que envíe. Entonces, María fabrica un candado, guarda el libro en una caja, lo cierra con el candado y se lo envía a Juan.

Juan no tiene la llave del candado, así que María necesita enviarle de alguna manera la llave para que Juan pueda abrir la caja cuando la reciba. ¿Cómo puede hacerlo a su vez de una manera segura? Muy sencillo: Juan tiene distribuidas por todas las oficinas de correos copias de un candado cuya llave sólo tiene él. Entonces María sólo tiene que acercarse a su oficina de correos y pedir un candado de Juan. Luego coge otra caja, guarda en ella la llave con la que se abre la primera caja —la del libro— y la cierra con el candado de Juan. De esta forma, María envía a Juan dos cajas: la primera contiene el mensaje secreto y se ha cerrado con el candado de María, y la segunda contiene la llave para abrir el candado de María y se ha cerrado con el candado de Juan.

Cuando recibe las dos cajas, Juan utiliza su llave para abrir la caja cerrada con su candado, y se encuentra con una llave. ¡La que le sirve para abrir la otra caja y poder disfrutar de la lectura del libro!

Una vez más, la teoría parece perfecta. Pero volvamos al mundo real, donde muchas veces es complicado poner en práctica las ideas. Veamos cómo se puede transformar el ejemplo anterior con el uso del PGP:

María quiere enviar un mensaje cifrado a Juan y elige para ello una cifra simétrica común. Lo primero que debería hacer María es elegir una clave. Pero en este caso no es necesario, porque el propio PGP lo hace por ella, calculando un número al azar a partir del movimiento del ratón y de las teclas que se han usado. Es lo que se llama la clave de sesión. Con ella, María cifra el mensaje.

Ahora, María necesita hacerle llegar de alguna manera la clave de sesión a Juan para que él pueda

El correo electrónico comenzó a utilizarse en 1965, antes de que existiera Internet. Su nombre proviene de la analogía con el correo postal. Ambos sirven para enviar y recibir mensajes, y ambos utilizan "buzones" intermedios —servidores en el caso del correo electrónico—, donde se guardan los mensajes antes de que el destinatario los reciba.

descifrar el mensaje. Entonces María busca la clave pública de Juan y la usa para cifrar la clave de sesión. De esta forma, María envía dos cosas a Juan: por un lado, el mensaje cifrado con la clave de sesión, y, por otro, la clave de sesión cifrada con la clave pública RSA de Juan.

Finalmente, Juan emplea su clave privada RSA para descifrar la clave de sesión y luego usa la clave de sesión para descifrar el mensaje.

Aunque el proceso sea un poco enredado, tiene una gran ventaja: el mensaje, que puede ser muy largo, se cifra con una rápida cifra simétrica, mientras que la clave de sesión, que es poca cosa, se cifra mediante una cifra asimétrica, mucho más lenta.

Zimmerman no había descubierto nada nuevo, pero había sido capaz de mezclar unos ingredientes bien conocidos de tal forma que lograba resolver el problema de la velocidad.

Así funcionan las llaves públicas y privadas.

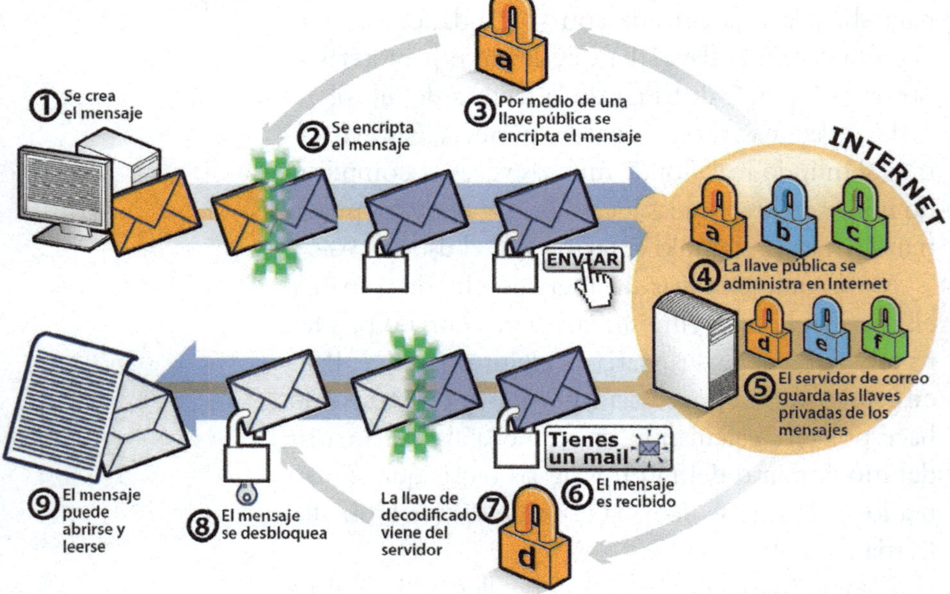

Problemas legales

A principios de la década de los noventa, y ante la posibilidad de que el gobierno estadounidense prohibiera productos como el PGP, Zimmerman difundió su producto por Internet. Poco a poco, el PGP comenzó a extenderse, primero sólo entre los aficionados a la criptografía y luego a un público mucho más amplio. Pero mientras Zimmerman era reconocido en todo el planeta, en su país no estaban tan contentos.

Por un lado, Zimmerman había utilizado el sistema RSA sin tener licencia para ello; es decir, lo había usado sin pedir permiso a sus creadores, quienes tenían la patente. Por este motivo podía enfrentar una demanda con graves consecuencias económicas.

Las posibilidades del PGP no se reducen simplemente a cifrar y descifrar mensajes. Una de sus aplicaciones más interesantes es la función para firmar digitalmente un mensaje electrónico, siguiendo el esquema que ya conocemos. Todo ello con la ventaja de que se realiza en forma automática.

Pero eso no era nada comparado con esto otro. Debido a una oscura ley estadounidense, las herramientas informáticas que usen la criptografía se consideran municiones, como las balas de una ametralladora o los misiles. Esto significa que sacar esta tecnología del país requiere la aprobación del Departamento de Estado, que decide si exportarla pondría en peligro la seguridad nacional. Pero Zimmerman no preguntó a nadie si podía sacar el PGP del país, así que incumplió sin saberlo las leyes sobre la exportación de armas, ¡y fue acusado de tráfico de armas! Finalmente, en enero de 1996, y después de una larga investigación, la fiscalía decidió no juzgar a Zimmerman por el envío a Internet de su programa.

Esta investigación, sin embargo, inició un debate sobre los efectos positivos y negativos de la criptografía en la sociedad. Los representantes de la ley temen que Internet, unido a la criptografía, ayude a los criminales a comunicarse y coordinar esfuerzos. Por su parte, los defensores de las libertades civiles recuerdan que la privacidad es un derecho universal y el uso de la criptografía es una herramienta para garantizarlo.

El debate sigue hoy más vigente que nunca.

La computadora cuántica

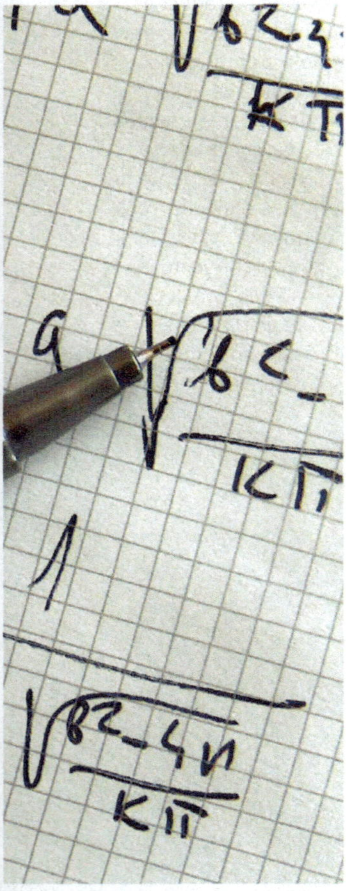

Los cálculos que pueden realizarse son infinitos.

Te habrás dado cuenta de que hace ya varios capítulos que no hablamos de los criptoanalistas. La verdad es que la fortaleza de la criptografía de clave pública los ha relegado a un segundo plano. Sin embargo, ellos han seguido trabajando en la sombra, incansables, buscando una forma de atacar los sistemas de cifrado actuales. Todavía no han conseguido resultados, pero por lo menos ya tienen un plan.

Como sabemos, la criptografía de clave pública se basa en las llamadas funciones de una sola vía, aquellas que son fáciles de resolver en un sentido, pero muy difíciles en el sentido contrario. Por ejemplo, factorizar números.

La sucesora de todas las máquinas, la llamada computadora cuántica, podría aparecer en el futuro

El punto débil de estos sistemas es que su seguridad es simplemente una cuestión de rendimiento. Factorizar un número no es imposible; lo que ocurre es que hay que hacer muchísimos cálculos. Y para realizar todos esos cálculos se necesita mucho tiempo. En la práctica, tardar un millón de años en hacerlo es exactamente lo mismo que no hacerlo. Pero lo importante es que no hay ningún principio matemático que impida factorizar un número.

La solución entonces parece sencilla. Si se necesita mucho tiempo para hacer los cálculos, hay que encontrar una manera de realizarlos con mayor rapidez. Las computadoras actuales evolucionan continuamente, pero no lo suficiente para los criptoanalistas, quienes necesitan un gran salto tecnológico.

La unidad básica de información de una computadora, el *bit*, sólo puede valer 0 o 1.

Por suerte para ellos, puede ser que no esté tan lejos de conseguirse. Se trata de la llamada computadora cuántica, una fabulosa máquina que haría uso de las sorprendentes propiedades de la física cuántica, la teoría que describe la materia cuando es muy pequeña, del tamaño de un átomo.

Bits cuánticos

Cualquier computadora, por muy rápida que sea, sólo puede realizar una tarea a la vez. Cuando debe realizar varias tareas tiene que tratarlas secuencial-

En 1991 se presentó a votación una propuesta de ley en el Senado de Estados Unidos, por la cual todo el *software* criptográfico debía tener una "puerta trasera" que permitiese al gobierno estadounidense leer cualquier mensaje cifrado. Finalmente, no llegó a convertirse en ley.

mente, es decir, una detrás de otra. Esto se debe a que las computadoras actuales operan de acuerdo con las leyes de la física clásica. Y según éstas, el elemento fundamental de una computadora, que es una unidad de información llamada *bit*, debe tener un valor bien definido: 0 o 1, sin ambigüedades. Internamente, estos valores se corresponden con el estado de unos dispositivos electrónicos llamados transistores, que pueden interrumpir o dejar pasar una corriente eléctrica. Esto es lo mismo que ocurre cuando lanzamos una moneda al aire: sabemos que el resultado va a ser águila o sol. Entonces, si representamos el águila como un 1 y el sol como un 0, después de tirar la moneda nuestro sistema estará en el estado 1 o en el estado 0. Y no hay más posibilidades.

Pero la física cuántica ha demostrado que el reino del átomo y su interior es mucho más difícil de comprender. Si repetimos el lanzamiento con una moneda cuántica, o sea, con una moneda que cumpla las leyes de la física cuántica, entonces el resultado será sol, águila... ¡O ambos! Esto es lo que se conoce como el principio de superposición, y es una de las extrañas propiedades de la física cuántica que desafían el sentido común.

Microfotografía de un átomo.

La computadora cuántica podría hacer dos tareas a la vez

La computación cuántica aprovecharía el principio de superposición para disparar su capacidad de cálculo. Un *bit* cuántico, o QBIT, tiene más posibilidades de procesar información porque, además de los dos estados clásicos 1 y 0, puede encontrarse en una superposición de ambos. Dicho de otro modo, puede estar parcialmente en uno y otro al mismo tiempo. Esto implica que, a diferencia de la compu-

Las capacidades de cálculo de la computadora cuántica serían mucho mayores que las de una computadora convencional.

tadora clásica, la computadora cuántica puede tratar dos cuestiones a la vez, sacando partido a las leyes de la física cuántica. Esta diferencia permite aumentar exponencialmente la capacidad de cálculo de una computadora, lo que a la vez reduce enormemente el número de pasos necesarios para resolver un problema. Por ejemplo, para factorizar un número de 300 dígitos, el mejor algoritmo clásico necesitaría unos 5×10^{24} pasos, es decir, se requerirían más de cien millones de años a las velocidades actuales. Aprovechando el principio de superposición, un algoritmo cuántico necesitaría sólo 5×10^{10} pasos, el equivalente de apenas un cuarto de hora para una computadora normal y corriente.

En definitiva, la computadora cuántica podría factorizar números enormes en un tiempo mínimo, casi sin despeinarse. Las consecuencias serían terribles: millones de mensajes secretos cifrados mediante el método RSA quedarían al descubierto.

Criptografía cuántica

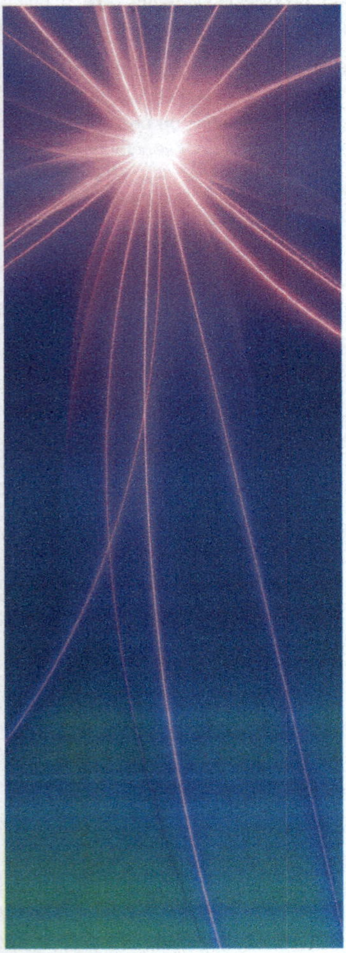

La sombra de la computadora cuántica amenaza la seguridad de la criptografía de clave pública, aunque es difícil que en el futuro cercano se pueda trabajar con una máquina de este tipo. Pero, como dice el refrán, criptógrafo precavido vale por dos. Así que los criptógrafos han decidido buscar una forma de cifrar mensajes que sea impenetrable incluso para las futuras computadoras cuánticas. Y parece que ya la han encontrado. Se trata de un sistema en el cual la información está protegida, curiosamente, por las propias leyes de la física cuántica.

La información estaría protegida por las extrañas leyes de la física cuántica.

En el mundo cotidiano, cuando un espía intercepta un mensaje cifrado —por ejemplo, una carta o un telegrama—, puede copiarlo sin problema. Al hacerlo, el contenido del mensaje original seguirá siendo el mismo (no dañar el sobre depende ya de la habilidad del espía). Además, este proceso se puede repetir cuantas veces se quiera: da igual hacer dos copias o 200, pues el mensaje original no se alterará.

Sin embargo, las cosas bajo la perspectiva cuántica funcionan de una manera muy distinta. En este extraño mundo existe el llamado principio de incertidumbre de Heisenberg, que impide conocer la realidad en todos sus detalles. Es como si tuviésemos una pecera con peces de vistosos colores, pero que sólo pueden ser iluminados con unas luces amarillas.

No podemos extraer información de un sistema cuántico sin modificarlo

Con la luz apagada, la pecera está a oscuras y los peces nadan en ella sin que podamos disfrutar de sus colores. Pero si encendemos la luz amarilla para verlos, los peces rojos se convertirían en anaranjados, los de color azul serían verdes y los amarillos... seguirían siendo amarillos. Por el simple hecho de mirar, estamos alterando los colores de los peces y no seríamos capaces de ver sus verdaderos colores. En el

En el mundo de la física cuántica, la óptica de las cosas es muy diferente de aquello a lo que estamos acostumbrados.

El principio de incertidumbre impide conocer la realidad en todos sus detalles.

mundo cuántico ocurre algo parecido: no podemos extraer información acerca de un sistema cuántico —por ejemplo, átomos, moléculas, partículas de luz— sin modificarlo. Observar significa perturbar.

La física cuántica nació a principios del siglo xx y supuso una verdadera revolución de la ciencia. Sus propiedades chocan con nuestra experiencia cotidiana, lo que llevó a algunos de sus impulsores a no creer realmente en esta teoría. El físico Richard Feynman lo resumió afirmando que "nadie entiende la física cuántica".

Los datos viajan por la fibra óptica en forma de fotones, las partículas elementales de la luz

Todo esto es muy importante para nuestro objetivo de mantener una comunicación segura, ya que un espía necesita precisar la información de nuestro mensaje con gran exactitud, y para eso tiene que hacer mediciones sobre el mensaje. Si se incorpora la física cuántica al canal de comunicación, se dificulta la medición exacta de la información, creando un obstáculo para el espionaje: el espía que trata de interceptar el mensaje dejará rastros de su actividad, pues lo modificará de forma irreversible, como exige el principio de incertidumbre. Por lo tanto, la ventaja fundamental de la criptografía cuántica es que un espía que observe el canal de comunicación no puede extraer información sin revelar su presencia. Así, si se envía la clave por medios cuánticos, se puede saber si ésta ha sido alterada durante la transmisión, lo que garantiza la seguridad en la distribución de claves.

El sistema parece perfecto, pero si un espía no puede leer la clave sin modificarla, ¿cómo lo puede hacer entonces el receptor? ¿Y cómo puede saber éste que la clave no ha sido modificada por una tercera persona?

El físico alemán Werner Heisenberg (1901-1976) es considerado uno de los padres de la teoría cuántica. Aunque se interesó inicialmente por las matemáticas, finalmente se decantó por la física atómica, una rama todavía en ciernes. Gracias a él, hoy en día sabemos que en el mundo cuántico reina la incertidumbre.

La luz es la clave

Supongamos que María quiere utilizar la criptografía cuántica para enviar una clave de forma segura a Juan sin que Ana se entere. El primer paso es olvidarse de los canales de comunicación de siempre, como el teléfono o el correo electrónico, y buscar una forma de comunicación cuántica. Por ejemplo, María y Juan pueden utilizar la fibra óptica, un canal en el que los datos viajan en forma de fotones, las partículas elementales de la luz. Los fotones son especialmente útiles para mandar este tipo de mensajes. Una de sus propiedades, la polarización (la dirección de oscilación de su campo eléctrico), se puede usar para representar los dígitos binarios 0 y 1. Entonces, María enviaría una serie de fotones a Juan y cada uno de ellos llevaría un *bit* de información que valdría 0 o 1, dependiendo de la polarización del fotón.

¿Cómo podemos codificar la información con los fotones? Pues podemos suponer, por ejemplo, que éstos sólo tienen cuatro polarizaciones posibles: vertical, horizontal, diagonal a la derecha y diagonal a la izquierda. Estas polarizaciones se clasifican en dos "modos" diferentes: cuando la polarización sea vertical u horizontal, diremos que está en modo recto (que indicaremos con el signo +), mientras que si está inclinada 45 grados hacia la izquierda o hacia la derecha, diremos que está en modo diagonal (que representaremos con el signo ×). Podemos asignar una representación de 0 y otra de 1 en cada modo, tal y como se muestra a continuación:

Modo de polarización recto (+)	↔	↕
Modo de polarización diagonal (x)	↗	↖
Valor del bit	0	1

Ahora María y Juan tienen que ponerse de acuerdo en la clave que utilizarán para cifrar y descifrar sus mensajes futuros. Para ello, María envía a Juan una serie de unos y ceros, escogiendo al azar la polarización de cada fotón que manda, pero tomando nota tanto del valor del *bit* como del modo en que se transmitió. Para elegir la polarización de los fotones, María puede usar un filtro que podemos imaginar como una placa con una ranura orientada de manera determinada. Por ejemplo, si tuviésemos un filtro vertical, los fotones con la misma polarización

En la criptografía cuántica un espía no puede extraer información sin revelar su presencia.

que el filtro lo atravesarían sin modificarse, mientras que aquellos cuya polarización fuese perpendicular al filtro (en este caso horizontal) no pasarían.

¿Y qué pasa con los fotones polarizados diagonalmente? La lógica nos dice que tampoco podrían atravesar un filtro vertical. Pero nadie afirmó tampoco que se pudiese aplicar la lógica a la física cuántica: de forma misteriosa, un fotón polarizado en diagonal se comportará unas veces como un fotón horizontal y otras veces como un fotón vertical. Por eso, en algunas ocasiones, un fotón polarizado diagonalmente consigue atravesar el filtro vertical y otras veces no: porque unas veces se comporta como si estuviese polarizado verticalmente (con la misma orientación que el filtro) y otras veces lo hace como si estuviese polarizado horizontalmente (orientación perpendicular al filtro).

Un haz de fibras ópticas.

La polarización de la luz es básica para entender la criptografía cuántica

En definitiva, un fotón polarizado diagonalmente puede salir polarizado en modo recto (vertical u horizontalmente). Y de la misma manera, un fotón polarizado en modo recto puede salir polarizado diagonalmente. Es la prueba de que, por querer determinar la polarización de un fotón, hemos perturbado el sistema. Entender esto nos será de mucha utilidad más adelante.

Manos a la obra.

Supongamos que María transmite el mensaje 110101011001 de la siguiente manera:

Mensaje	1	1	0	1	0	1	0	1	1	0	0	1
Modo	+	x	+	+	x	+	x	x	+	+	x	+
Polarización	|	\	—	|	/	|	/	\	|	—	/	|

Vemos que dos fotones polarizados de modo distinto pueden transmitir la misma información. Por ejemplo, los dos primeros fotones representan un 1, pero el primer fotón se envía utilizando el modo + y el segundo fotón se hace empleando el modo ×.

Una vez que María ha enviado el mensaje, Juan tiene que precisar las polarizaciones de estos fotones. Para ello, dispone de dos detectores, uno recto y otro diagonal. El primero es capaz de precisar la polarización de los fotones polarizados vertical y horizontalmente, pero no identifica con certeza los fotones polarizados diagonalmente ya que, como dijimos antes, éstos se reorientarán y se interpretarán erróneamente como fotones polarizados vertical u horizontalmente. Por lo tanto, si un fotón sale del detector recto con polarización vertical, Juan no puede saber con seguridad si antes poseía polarización vertical o diagonal. Todo esto se puede aplicar de forma análoga al detector diagonal.

Total, que Juan no sabe el modo de polarización usado por María, por lo que decide aleatoriamente

La clave de los fotones es la luz. Para efectos de investigación, muchos estudios se realizan con láser.

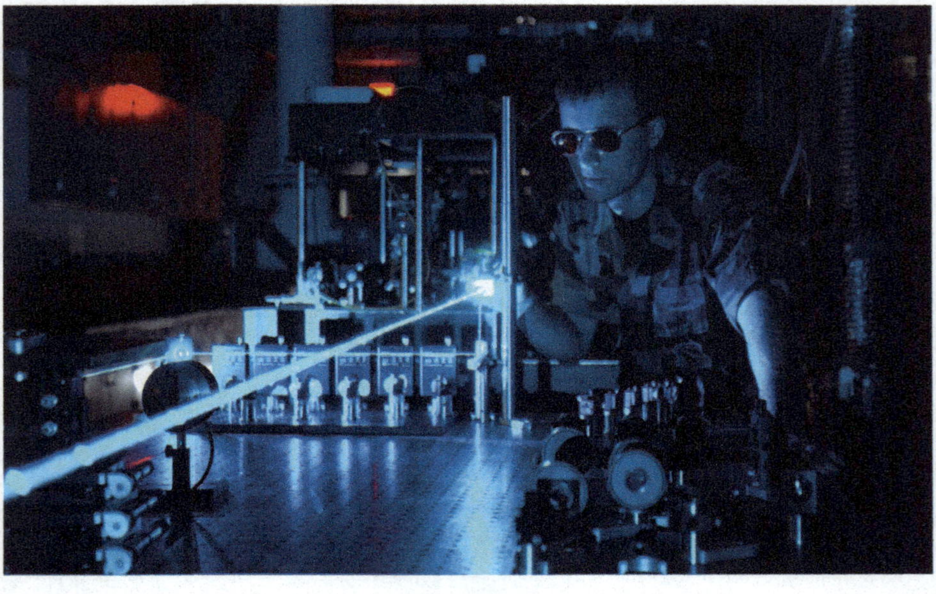

cómo se recibirá cada fotón que le llega, eligiendo unas veces el detector recto y otras el detector diagonal. Así, en algunas ocasiones acertará (es decir, utilizará el mismo detector que usó María) y en otras no. En cualquier caso, Juan anotará tanto el detector utilizado como la polarización captada, es decir, el valor 1 o 0 de cada fotón mensajero.

> Todas las cifras que se creían indescifrables han sucumbido ante el criptoanálisis

Un buen ejemplo de un filtro de luz son los cristales de algunos lentes para sol. Estos cristales están hechos con vidrios especiales que sólo dejan pasar los fotones que tengan una determinada orientación. De esta manera, los lentes para sol consiguen bloquear una gran parte de los fotones que llegan a tus ojos.

Llegados a este punto, María ha enviado una serie de *bits* en forma de fotones polarizados y Juan ha detectado algunos de ellos correctamente y otros erróneamente, aunque no sabe cuáles. Para aclarar la situación, María y Juan se ponen en contacto. Entonces Juan le dice a María cuál de los dos modos usó para cada fotón de la secuencia, pero sin especificar el valor del *bit* que obtuvo en cada caso. María contesta a Juan diciéndole cuáles de ellos midió en el modo correcto. De esta manera, Juan consigue eliminar los fotones que pueden inducir a error, porque sólo para aquellos que se hayan medido en el mismo modo se tendrán garantías de que el *bit* asociado sea el mismo. Además, esta comunicación ya no tiene que ser secreta, porque sólo se habla de los modos de detección, y no se menciona para nada el *bit* enviado. Finalmente, María y Juan conservan tan sólo los *bits* en los que Juan utilizó el detector correcto y descartan todos los demás:

Mensaje de María	1	1	0	1	0	1	0	1	1	0	0	1
Modo del mensaje	+	x	+	+	x	+	x	x	+	+	x	+
Detección de Juan	+	+	x	+	x	x	x	x	+	+	x	x
Secuencia de bits	1			1	0		0	1	1	0	0	

La criptografía cuántica fue propuesta en 1984 por Charles Bennett y Gilles Brassard, quienes desarrollaron un protocolo de comunicaciones denominado BB84. Cinco años después, dos computadoras hicieron el primer intercambio criptográfico cuántico. La distancia entre ellas era de apenas 30 cm.

Estos *bits*, 11001100, son la clave que usarán María y Juan para cifrar y descifrar mensajes en el futuro.

Veamos ahora qué podría hacer Ana para fastidiar a María y Juan. Si quiere interceptar el mensaje, necesita identificar la polarización de cada fotón. Al no conocerla de antemano, su elección del filtro medidor será al azar y, en algunos casos, errónea. Por consiguiente, no podrá medirla sin perturbarla y, si esto ocurre, introducirá errores. María y Juan pueden detectar la presencia de Ana haciendo públicos (es decir, comunicándose) una cierta cantidad de *bits* de la clave como muestra para control de calidad. Si encuentran diferencias en sus *bits*, tienen buenas razones para sospechar que están siendo espiados y deberán desechar todos los datos y comenzar de nuevo. Si se compara una cantidad lo suficientemente grande de *bits* y éstos coinciden, María y Juan pueden estar tranquilos de que la comunicación no ha sido vigilada y pueden conservar la clave secreta para iniciar una conversación privada.

Aun la criptografía cuántica se basa en el uso de *bits* con valor de 0 o 1.

El futuro

Han pasado más de dos décadas desde que nació la criptografía cuántica, y los avances en este campo han sido más que notables. Los primeros sistemas comerciales de criptografía cuántica, ya están en el mercado.

La cifra RSA se considera totalmente segura... mientras no aparezca la computadora cuántica

Si finalmente se extiende como método de cifrado, la criptografía cuántica podría significar la victoria final de los creadores de cifras sobre los criptoanalistas en la guerra de la criptografía. Puede parecer una afirmación un tanto temeraria, a tenor de nuestra experiencia anterior. Tarde o temprano, todas las cifras que se consideraban indescifrables han sucumbido ante el criptoanálisis. La lista de las más famosas ya nos es bien conocida: en el siglo XVI, la cifra de Vigenère era denominada "la cifra indescifrable", pero Charles Babbage consiguió descifrarla; la máquina Enigma de los nazis fue invulnerable hasta que los polacos revelaron sus puntos débiles y los criptoanalistas de Bletchley Park la remataron; incluso la propia cifra RSA se considera hoy absolutamente segura... mientras no aparezca la computadora cuántica.

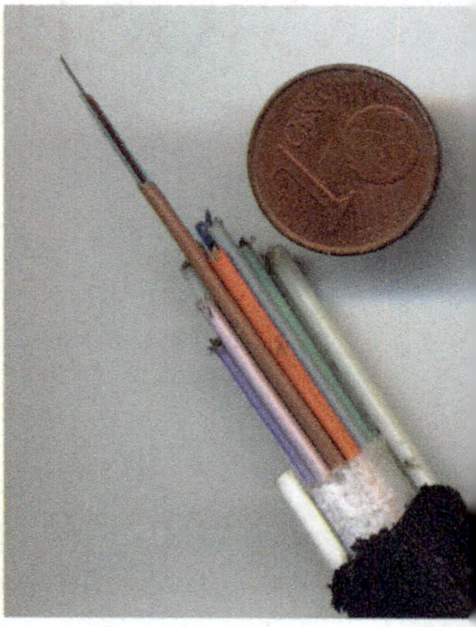

Tamaño real de la fibra óptica.

Sin embargo, en esta ocasión la situación parece realmente distinta. Si algún mensaje protegido por la criptografía cuántica fuese descifrado alguna vez, significaría en cierta manera que la física cuántica no es totalmente correcta. Lo impresionante es que estamos hablando de una de las teorías científicas con más éxito en la historia de la física, cuyas leyes han sido verificadas experimentalmente por los científicos una y mil veces.

Por todo esto, el reto de los criptoanalistas es seguramente el más difícil al que se han enfrentado jamás. Entonces, ¿significa esto que ya se ha escrito el último capítulo? De la historia de la criptografía, posiblemente no. Pero de este libro, sí.

Las leyes de la física son una constante comprobable.

Glosario

A

• *Al Kindi*. Filósofo árabe (801-873) que también cultivó muchas otras disciplinas. En el campo de la criptografía, aplicó por primera vez el análisis de frecuencias para descifrar un mensaje sin conocer su clave, lo que supuso el nacimiento del criptoanálisis.

• *Alberti, Leon Battista*. Artista del Renacimiento italiano (1404-1472) que ideó la primera cifra polialfabética. Para facilitar los procesos de cifrado y descifrado, Alberti tomó dos discos, uno mayor que el otro, escribió el alfabeto en cada uno y los unió por su eje. Así inventó la primera máquina criptográfica de la historia.

• *Alfabeto cifrado*. Combinación de letras, números y/o figuras que se usan para cifrar un texto llano.

• *Alfabeto llano*. Conjunto de letras con las que se construye un texto llano. Normalmente se trata del alfabeto del idioma en cuestión.

• *Algoritmo de cifrado*. Método general mediante el cual un texto llano se transforma en un texto cifrado.

• *Anagrama*. Palabra o frase que resulta de cambiar el orden de las letras de otra palabra o frase. Por ejemplo, amor-Roma, oreja-ojear.

• *Análisis de frecuencias*. Técnica que consiste en calcular la frecuencia con que cualquier letra, pareja de letras u otra combinación de letras aparece en un texto.

• *Ataque por fuerza bruta*. Técnica de criptoanálisis que consiste en probar una por una todas las posibles claves de un texto cifrado.

• *Autoridad Certificadora*. Entidad oficial encargada de emitir certificados digitales para identificar a los usuarios de una red informática.

B

• *Babbage, Charles*. Matemático inglés (1792-1871). Consiguió criptoanalizar la cifra de Vigenère, que se consideraba indescifrable. Se cree que el descubrimiento de Babbage era secreto militar, y que por eso no se supo hasta muchos años después.

• *Baudot, Émile*. Ingeniero de telegrafía francés (1845-1903). Inventó el código que lleva su nombre, que se adoptó en Francia en 1875 y luego se acabó usando en todo el mundo para enlaces durante más de 70 años.

• *Bit.* Dígito binario que puede tomar valor de 1 o 0.

• *Bletchley Park.* Mansión que durante la Segunda Guerra Mundial fue la sede de la Escuela Gubernamental de Códigos y Cifras británica. Allí se llevaron a cabo las labores de criptoanálisis de las cifras alemanas, como las de la máquina Enigma y la máquina de Lorenz.

• *Bomba.* Máquina electromecánica que ayudó a los criptoanalistas británicos a vencer a la máquina Enigma alemana. Diseñada por Alan Turing, la Bomba determinaba la posición inicial de los rotores de Enigma a partir de los rizos de un puntal.

C

• *Carroll, Lewis.* Seudónimo del escritor británico Charles Lutwidge Dodgson (1832-1898). Debe su fama mundial a obras como *Alicia en el País de las Maravillas* y *A través del espejo.* Fue un gran aficionado a la criptografía, como lo demuestra el hecho de haber creado diversas variantes de la cifra de Vigenère.

• *Certificado digital.* Documento emitido y firmado digitalmente por una Autoridad Certificadora que identifica una clave pública con su propietario.

• *Cifra.* Método para ocultar el significado de un mensaje alterando las letras que lo componen.

• *Cifrado nulo.* Técnica esteganográfica que consiste en camuflar las letras o palabras que constituyen el auténtico mensaje dentro de un texto que aparentemente no tiene importancia. Fue muy habitual durante la Primera y la Segunda Guerras Mundiales.

• *Clave.* Conjunto de reglas que establecen con exactitud la manera en que un texto llano se transforma en un texto cifrado, y viceversa. Cuando se utiliza la misma clave para cifrar y descifrar, entonces se dice que la clave es privada, y la cifra, simétrica. A últimas fechas la clave se ha desglosado en dos: una para cifrar —pública— y otra para descifrar —privada—. En este caso, se dice que la cifra es asimétrica.

• *Código.* Conjunto de reglas por las que una palabra o frase es representada por otra palabra o por un símbolo.

• *Colossus.* Máquina electrónica usada por los criptoanalistas británicos para descifrar los mensajes secretos enviados por la máquina de Lorenz. Podía adaptarse a diferentes problemas —era programable—, lo que la convierte en la primera computadora de la historia.

• *Criptoanálisis.* Ciencia que estudia la manera de descifrar un mensaje sin conocer la clave con la que se cifró.

• *Criptografía.* Ciencia que consiste en ocultar el significado de un mensaje para todo el mundo, excepto para aquellas personas a las que va dirigido.

• *Criptología.* Conjunto de técnicas y métodos relacionados tanto con la criptografía como con el criptoanálisis (cifrado y descifrado).

• *Cuadrado latino.* Cuadrado de cinco por cinco letras en el que se leía la frase latina *rotas opera tenet arepo sator* ("él, que guía el arado, planta la semilla"). Se cree que esta inscripción era un mensaje secreto para los cristianos, que les indicaba las casas donde podían refugiarse cuando eran perseguidos en tiempos del Imperio Romano.

D

• *Descifrar.* Obtener el mensaje llano a partir del mensaje cifrado, para lo cual es necesario conocer el algoritmo de cifrado y la clave utilizada.

• *Diffie, Whitfield.* Matemático estadounidense (1944). Es uno de los personajes más importantes de la criptografía de clave pública. Tuvo la genial idea de separar la tradicional clave privada en dos: una clave pública para cifrar los mensajes y una privada para descifrarlos.

• *Digráfica.* Tipo de cifra en la que la sustitución se realiza por parejas de letras.

• *Doyle, Arthur Conan.* Escritor escocés (1859-1930). Fue el creador del célebre detective Sherlock Holmes, cuyos conocimientos de criptografía le permitieron resolver más de un caso, como en la "Aventura de los bailarines".

E

• *Ellis, James.* Matemático e ingeniero australiano (1924-1997). En 1970, mientras trabajaba en el Government Communications Headquarters (GCHQ, la dependencia que garantizaba la seguridad de las comunicaciones oficiales británicas), concibió la solución al problema de la distribución de claves. Fue la semilla de lo que hoy llamamos criptografía de clave pública.

• *Enigma.* Máquina para cifrar y descifrar mensajes, inventada por el ingeniero alemán Arthur Scherbius en 1918 con fines de comunicación secreta en el mundo de los negocios. Garantizó la seguridad de las comunicaciones alemanas durante la Segunda Guerra Mundial hasta que, primero los polacos y luego los británicos, sacaron partido de sus escasos puntos débiles.

• *Escítalo.* Bastón de madera que se utilizaba en Esparta para cifrar mensajes mediante una cinta de cuero que se enrollaba en él. Para descifrar el mensaje había que enrollar la cinta en otro bastón del mismo diámetro, pues de lo contrario el resultado no tenía sentido. Fue el primer aparato criptográfico militar de la historia.

- *Esteganografía*. Forma de comunicación secreta que consiste en ocultar la existencia del mensaje o hacer que pase inadvertido para todo el mundo, excepto para su destinatario. Un buen ejemplo es la tinta invisible.

F

- *Firma digital*. Proceso consistente en que una persona cifre con su clave privada un documento electrónico. Es el equivalente de la firma de puño y letra, pues la clave privada identifica de forma única a una persona.
- *Función de una sola vía*. Aquella función matemática que es fácil de aplicar en un sentido, pero muy difícil de aplicar en sentido contrario. Es la base de los sistemas criptográficos de clave pública.

H

- *Hash*. Función matemática que se usa para comprimir un documento y que debe cumplir los siguientes requisitos: 1) transformar un texto de longitud variable en un bloque de longitud fija; 2) ser fácil de utilizar, y 3) ser una función de una sola vía.

J

- *Jeroglífico*. Cada uno de los caracteres en los que se basaba la antigua escritura egipcia. Durante muchos siglos su significado fue un misterio, hasta que en el siglo XIX Thomas Young y Jean-François Champollion consiguieron descifrar los textos contenidos en la Piedra Rosetta.
- *Julio César*. Militar y político romano (100-44 a.C.). Creó la primera cifra con fines militares de que se tiene noticia. Consistía en sustituir cada letra del alfabeto por la que se encuentra tres lugares después.

L

- *Libreta de un solo uso*. Cifra en la que el texto llano se combina con una clave siguiendo las reglas de Vernam. Si la clave es realmente aleatoria, se mantiene en secreto y sólo se utiliza una vez, entonces este sistema resulta indescifrable.
- *Libro de códigos*. Recopilación de todas las palabras codificadas y su significado. Dependiendo del código de que se trate, puede llegar a almacenar miles de ellas.
- *Lipograma*. Texto que se construye prescindiendo voluntariamente de alguna letra del abecedario.
- *Lorenz*. Máquina usada por el Alto Mando alemán durante la Segunda Guerra Mundial para proteger las comunicaciones entre Hitler y sus generales. Se basaba en la cifra de Vernam.

M

• *Marca de agua digital.* Código de identificación, generalmente imperceptible, que se inserta en algunos soportes informáticos (discos de audio o video, imágenes, etcétera) y que contiene información sobre el autor o propietario intelectual y las condiciones de uso del soporte, para detectar y evitar su empleo ilegítimo (por ejemplo, la piratería) por parte de un usuario no autorizado.

• *Micropunto.* Técnica esteganográfica utilizada por Alemania durante la Segunda Guerra Mundial, que consiste en fotografiar un mensaje secreto y comprimir la imagen en un punto de apenas un milímetro de diámetro.

• *Monoalfabética.* Tipo de cifra que utiliza un solo alfabeto cifrado.

N

• *Navajo.* Pueblo nativo de lo que hoy es el suroeste de Estados Unidos. Su lengua, que se transmite por tradición oral y no por escrito, fue utilizada como código militar por Estados Unidos durante la Segunda Guerra Mundial. El resultado fue un éxito, pues los mensajes nunca fueron criptoanalizados.

• *Nomenclador.* Combinación de códigos y cifras en la que además de un alfabeto cifrado se utilizan otros símbolos que representan ciertas sílabas, palabras o frases.

P

• *Phising.* Estafa que consiste en intentar obtener información confidencial (por ejemplo, el número de identificación personal de una tarjeta de crédito) de manera fraudulenta. Para ello, el estafador se hace pasar por una persona o empresa de confianza en una supuesta comunicación oficial electrónica, por regla general un *e-mail*.

• *Playfair, Lyon.* Científico y político escocés (1818-1898). Su nombre está asociado a una cifra digráfica que utilizó el ejército británico a principios del siglo XX. Sin embargo, el inventor fue su amigo Charles Wheatstone, uno de los pioneros del telégrafo.

• *Poe, Edgar Allan.* Escritor estadounidense (1809-1849). Famoso por sus cuentos de misterio y terror, en ellos utilizó a menudo los mensajes secretos y la criptografía. Fue un destacado divulgador de la criptografía en su país.

• *Polialfabética.* Cifra que utiliza más de un alfabeto cifrado.

• *Porta, Giovanni Battista della.* Científico italiano (1535-1615). Además de algunos ingeniosos trucos esteganográficos, su principal aportación a la criptografía fue el desarrollo de la primera cifra digráfica, en la que dos letras del texto llano son representadas por un único símbolo en el texto cifrado.

• *Pretty Good Privacy* (PGP). *Software* gratuito para el cifrado, firma digital y autenticación de mensajes electrónicos. Su gran acierto es que combina lo mejor de los dos grandes tipos de criptografía: la simétrica de clave privada y la asimétrica de clave pública.

• *Primo.* Número que sólo es divisible por sí mismo y por la unidad.

• *Puntal.* Palabra o parte del texto llano que se puede relacionar con una palabra o parte del texto cifrado por pura intuición.

R

• *Rejewski, Marian.* Matemático polaco (1905-1980). Sus aportaciones fueron de importancia decisiva para derrotar a la máquina Enigma. En particular, comprendió que Enigma podía abordarse como un artefacto que permutaba letras. Al hacerlo fue el primero en aplicar las matemáticas al criptoanálisis.

• *Rejilla.* Trozo de cartón u otro material cuadriculado, con algunos de los cuadros agujerados, que se utiliza para cifrar y descifrar un mensaje. El mensaje llano se escribe a través de los agujeros de la rejilla sobre otra superficie cuadriculada, y los cuadros restantes de ésta se llenan con otras letras sin sentido. Para descifrar el mensaje, bastaría con colocar una rejilla idéntica encima del texto cifrado.

• *Rizo.* Término acuñado por Alan Turing para designar las cadenas que enlazaban letras de un texto llano con letras del texto cifrado en determinado puntal.

• *Rossignol, Antoine* (1600-1682). Criptoanalista francés que sirvió a los reyes Luis XIII y Luis XIV. Con la ayuda de su hijo Bonaventure desarrolló la llamada "Gran Cifra de Luis XIV", con la que el Rey Sol se comunicaba con sus ministros.

• RSA. Algoritmo de cifrado basado en la dificultad de factorizar un número muy grande. El nombre proviene de las iniciales de los apellidos de sus inventores: Ronald Rivest, Adi Shamir y Leonard Adelman.

S

• *Sustitución.* Rama de la criptografía de clave privada que consiste en sustituir cada letra del mensaje original por una diferente.

T

• *Tabula recta.* Tabla formada por 27 alfabetos, en la que cada fila se construye desplazando la anterior un lugar a la izquierda. Fue diseñada por el abad alemán Johannes Trithemius.

• *Texto cifrado.* Texto que resulta de aplicar una cifra a un texto llano.

• *Texto llano.* Texto cuyo significado se quiere ocultar.

• *Tinta invisible.* Líquido con el que se puede escribir un mensaje secreto porque tiene la propiedad de desaparecer y luego volver a hacerse visible al aplicársele alguna técnica, como el calentamiento.

- *Transposición*. Rama de la criptografía de clave privada que consiste en desordenar las letras del mensaje llano para formar el mensaje cifrado. Si para hacerlo se sigue algún patrón geométrico (cuadrado, rectángulo, etcétera), entonces se dice que es geométrica.
- *Trithemius, Johannes.* Abad alemán, escritor y criptógrafo (1462-1516). Acuñó el término esteganografía y diseñó la llamada *tabula recta,* que utilizaba en una de las primeras cifras polialfabéticas que se conocen.
- *Turing, Alan*. Matemático inglés (1912-1954). Es considerado el padre de la computadora moderna y de la inteligencia artificial. Durante su estancia en Bletchley Park diseñó la máquina Bomba para luchar contra la máquina alemana Enigma.

V

- *Vernam, Gilbert*. Ingeniero estadounidense (1890-1960). Propuso una cifra para el teletipo, en la cual el texto llano se cifraba letra por letra con una clave en una cinta perforada.
- *Verne, Julio.* Escritor francés (1828-1905). Considerado como uno de los precursores de la ciencia ficción, muchas de sus obras han llegado a ser verdaderos clásicos de la literatura de aventuras. La criptografía está muy presente en varias de ellas, como en *Viaje al centro de la Tierra*.
- *Vigenère, Blaise de.* Diplomático y criptógrafo francés (1523-1596). Inventor de la cifra que lleva su nombre, una de las más importantes de la historia. Durante muchos años fue considerada indescifrable, hasta que Charles Babbage demostró lo contrario.

Z

- *Zimmermann, Arthur.* Político alemán (1864-1940) que fue ministro de Asuntos Exteriores de su país entre 1915 y 1917. Pasó a la historia por enviar un telegrama cifrado a su embajador en México, en el que proponía una alianza entre los dos países contra Estados Unidos. El criptoanálisis del telegrama precipitó la participación estadounidense en la Primera Guerra Mundial.
- *Zimmerman, Phil*. Informático estadounidense (1954). Es el creador del *software* gratuito PGP (*pretty good privacy*, "privacidad bastante buena"), que se usa para el cifrado, firma digital y autenticación de mensajes electrónicos.

Lecturas recomendadas

Si después de leer este libro se te despierta el gusanillo por la criptografía, la siguiente lista contiene diversas obras de consulta y páginas web que pueden ser de tu interés. Como comprobarás, muchas de ellas están en inglés y de momento no hay traducción al español. Si esta lista no calma tu apetito y quieres profundizar más, lo mejor es que consultes la bibliografía detallada que incluye cualquiera de ellos, especialmente los que aparecen en esta primera categoría.

En general

- Kahn, David: *The Codebreakers.* La "Biblia" de las cifras y códigos. Un exhaustivo análisis de la historia de la criptografía, desde el antiguo Egipto hasta la década de los 60, en casi 1200 páginas. Una nueva edición en 1997 añade un capítulo que resume las novedades de los últimos años.
- Singh, Simon: *Los códigos secretos.* Un libro muy ameno y entretenido. Explica los aspectos más complejos de la criptografía antigua y moderna sin simplificarla lo más mínimo. Muy recomendable.
- Newton, David E.: *Encyclopedia of Cryptology.* Un libro de consulta muy útil, con definiciones que aclaran los conceptos, y descripciones de los personajes más importantes de la criptografía.

- Gardner, Martin: *Codes, Ciphers and Secret Writing.* Una manera sencilla y divertida de introducirse en el mundo de los mensajes secretos. Dedica un capítulo entero a la escritura con tinta invisible.

Temas específicos

- Yardley, Herbert O.: *The American Black Chamber.* El hombre que creó la primera dependencia del gobierno estadounidense dedicada de forma permanente al criptoanálisis repasa su actividad después de la Primera Guerra Mundial. Uno de los libros más fascinantes sobre criptografía que se han escrito.
- Kahn, David: *Seizing the Enigma.* Cuando Kahn escribió *The Codebreakers,* poco se sabía de la máquina Enigma y la batalla que libraron los criptoanalistas aliados. Este libro llena ese hueco.
- Harris, Robert: *Enigma.* Esta novela relata el enfrentamiento de los descifradores de Bletchley Park con la armada alemana. En 2001 se filmó una película con el mismo nombre basada en el libro.
- Leavitt, David: *Alan Turing: el hombre que sabía demasiado.* Una de las muchas biografías que se han escrito sobre Turing, que se centra en su aspecto más humano.
- Zimmerman, Philip: *The Official* PGP *User's Guide.* El título lo dice todo. El propio creador del PGP nos enseña a usar el programa, a la vez que nos ofrece su visión del mundo de la criptografía.

Lecturas complementarias

- Poe, Edgar Allan: *El escarabajo de oro y otros cuentos.* Un libro de obligada lectura, ya seas aficionado a la criptografía o no.
- Conan Doyle, Arthur: *El regreso de Sherlock Holmes.* Diez años después de que Conan Doyle "liquidara"

a su famoso detective, la presión de los lectores lo obligó a resucitarlo en estas trece historias.

- Verne, Julio: *Viaje al centro de la Tierra.* Un clásico del género de aventuras.

Páginas web recomendadas

Internet está lleno de material interesante sobre criptografía. A continuación encontrarás algunas de las páginas que vale la pena visitar:

- Taller de criptografía
http://www.cripto.es
El profesor Arturo Quirantes mantiene esta estupenda página con todo tipo de información sobre criptografía. Especial atención merece el "Boletín ENIGMA", una publicación digital con las últimas novedades y una sección dedicada a la historia de la criptografía. ¡Gracias, Arturo!
- Crypto vault
http://library.thinkquest.org/27993/crypto/
Un sitio didáctico (en inglés) donde se pueden aprender las principales técnicas de cifrado de una manera muy amena.
- Kriptópolis
http://www.kriptopolis.org
Una de las páginas web pioneras sobre criptografía y seguridad informática en español, ahora en formato de blog. Incluye la historia "Enigma", escrita por Román Ceano, donde se explica con lujo de detalles la historia de la máquina Enigma.
- Criptografía en Wikipedia
http://es.wikipedia.org/wiki/Criptografía
Para cualquier duda en general, siempre puedes empezar por consultar la Wikipedia. En inglés hay más información que en español, pero ambas pueden ser complementarias.

•Bletchley Park
http://www.bletchleypark.org.uk/
Esta página web oficial del Reino Unido incluye horarios de visita e información sobre un sinnúmero de actividades. ¡Hasta tiene servicio de bodas!
•Códigos y cifras de la Segunda Guerra Mundial
http://www.codesandciphers.org.uk/index.htm
Aunque el diseño de la página resulta un tanto anticuado, pocos sitios pueden presumir de tener una información tan completa sobre el criptoanálisis británico durante la Segunda Guerra Mundial.
•Alan Turing
http://www.turing.org.uk/turing/
La página web oficial del matemático inglés.
•La página internacional del PGP
http://www.pgpi.org/
Si vives fuera de Estados Unidos, aquí puedes descargar de forma gratuita el programa y su código fuente, así como documentación en distintos idiomas.
•Sección Histórica de los Laboratorios del RSA
http://www.rsa.com/rsalabs/node.asp?id=3120
Contiene tres apartados imprescindibles, en inglés. El primero es de preguntas frecuentes (FAQ) sobre criptografía actual; el segundo explica en detalle dos de los algoritmos basados en el RSA, y el tercero plantea varios desafíos criptográficos.
•Museo Nacional Criptográfico de Estados Unidos
http://www.nsa.gov/about/cryptologic_heritage/museum/virtual_tour/index.shtml
En ésta, la página oficial de la Administración Nacional de Seguridad estadounidense, podrás encontrar, entre otras cosas, una visita virtual por el Museo Nacional Criptográfico.
•The Codebreakers
Existe una versión "reducida" por el autor, de unas 500 páginas, disponible gratis en la red. En esta ocasión te dejo la tarea de encontrarla. Vale la pena.

La edición de *Criptografía* se cerró
en mayo de 2009 en la Ciudad de México.
En su composición se utilizaron tipos
Bembo Regular, Bembo Italic y Berthold
Akzidenz Grotesk.

Made in United States
Orlando, FL
04 November 2026

90207816R00115